건축 너머

배형민 지음

건축
너머

갈망, 사유 그리고 애정의 비평

한밤의빛

사랑을 알려주는
명운에게

차례

서문 —— 애정의 비평 10

1 말과 얼굴

초상 —— 김수근과 승효상 26
파편과 체험의 언어 1 —— 1980년대 건축 담론 50
파편과 체험의 언어 2 —— 민현식 콘트라 유걸 66
냉철한 애정 —— 신경섭 90

2 사유와 감각

건축에 대한 건축 —— 김승회와 경영위치 110
움직이는 미학 —— 최욱과 101 132
동시대 건축의 즐거움 —— 임재용과 OCA 158
보이지 않는 건축 —— 최문규와 가아건축 176
건축의 시간 —— 조민석과 매스스터디스 194
사유의 경계 —— 승효상과 이로재 214

3 텍토닉스

세우다, 쌓다, 덧대다 —— 이정훈과 조호건축 244
기물의 건축 —— 조병수와 BCHO 262
텍토닉 카르마 —— 조남호와 솔토지빈 288
건축 너머 건축 —— 전진홍·최윤희와 바래 310

감사의 글 336
미주 340

일러두기

—— 국립국어원의 현행 맞춤법·외래어 표기법을 따르되, 일부는 지은이의 뜻을 반영하여 표기했다.
—— 단행본과 화집·전집은 겹낫표(『 』), 시·소설·논문 등은 홑낫표(「 」), 잡지·신문 등 정기간행물은 겹화살괄호(《 》), 예술 작품·연작·전시·영화 등은 홑화살괄호(〈 〉), 원서는 이탤릭으로 표기했다.
—— 건축물/설계 프로젝트 이름은 본문에 처음 나올 때 작은따옴표를 붙여 표기했다.
—— 건축물 대표 이미지 설명은 '설계자와 설계사무소, 건축물 이름, 완공/개관 연도' 순으로, 예술 작품 설명은 '작가, 제목, 제작 연도' 순으로 표기했다.

비평은 질문의 도구다.
비평을 통해 건축을 평가한다고 생각한 적 없다.
나에게 비평은 건축을 통해 생각하는 것이다.

애정의 비평 —— 서문

사랑은 결정이다. 그것은 판단이며 약속이다.

——— 에리히 프롬, 1956[1]

『건축 너머 비평 너머』는 한국 현대 건축에 관하여 지난 20년간 쓴 글을 추려 만들었다. 거론하는 건축가들의 연배로 보면, 김수근에서 최윤희까지 반세기를 넘는 시간을 다룬다. 그동안 진화한 나의 생각, 역동하는 한국 현대 건축, 그리고 방대한 건축과 비평의 역사에 기대었다. 인류 문명과 함께해 온 건축은 변하지 않을 것만 같은 규범들을 품고 있다. 공간, 물질, 디테일, 조직. 『건축 너머 비평 너머』는 이런 규범들을 한국의 현대 건축을 통해 읽어내지만 그것을 고정불변의 가치로 설파하는 것은 아니다. 세상이 변하고, 건축과 비평이 변하고, 그와 함께 글 쓰는 이도 변한다. 이 책에 실린 글은 변화의 궤적을 잇는 매듭이다. 이는 과거가 되었다고 무의미해지지 않으며, 현재의 동인이자 열린 미래를 향한 고리다. 갈망, 사유, 그리고 애정의 순환을 잇는 글들을 모아 책

애정의 비평

을 만든 것이다.

    건축을 향한 갈망은 오래전 학교 설계실에서 시작되었다. 서울대학교 건축학과 제도 실습 수업의 첫 과제가 선 긋기였다. 컴퓨터가 설계실에 등장하기 직전, 중세 시대에도 썼던 '오구烏口'를 사용하였다. 입 벌림을 조정하고 잉크에 담가 0.3에서 0.9밀리미터까지 다양한 두께의 선을 작도해야 했다. 처음에는 신기했지만 반복되면서 회의가 들었다. 선의 두께 차이는 무슨 의미가 있을까? 왜 선 끝은 선명하게 각져야 한다는 걸까? 조교들에게 물어도 대답을 듣지 못했고, 교수는 수업에 들어오는 일이 거의 없었다. 이런 회의는 학년이 올라가 본격적인 설계 수업을 들으며 더 깊어졌다. 주택 설계 과제를 하면서 평면은 어찌어찌 짰는데 입면을 어떻게 설계할지 알 수 없었다. 평면과 입면, 단면은 무슨 관계가 있는가? 막연히 건축이 좋고 설계를 잘하고 싶었지만 아무도 가르쳐 주지 않았다. 읽을 수 있는 책도 없었다. 외부 세계와 단절되었던 군사 독재 시대, 학생이 접근할 수 있는 현대 건축서는 서양 '원서' 해적판이었다. 건축학과 복도에 판매용으로 진열된 책 중에서 역사학자 지그프리트 기디온이 1941년에 출간한 *Space, Time and Architecture*(공간, 시간, 건축)가 현대 건축의 바이블로 취급되었다. 기디온의 공간론을 알고자 열심히 독해 세미나를 하던 중 4학년 선배가 찰스 젱크스의 *The Language of Postmodern Architecture*(포스트모던 건축의 언어)를 들고 왔다. 불과 3년 전에 미국에서 출간된 책을 볼 수 있다는 것이 당시에는 놀라웠다. 건축을 공간으로 볼 것이 아니라 대중과 소통하는 기호로 봐야 한다니 혼란스러웠다. 오구로 제도 실습을 하던 1980년, 이미 컴퓨터의 시대가 시작되었다는 사실을, 포스트모던 건축이 현대 건축의 대안이 아니라는 것을 한국의 건축학과 학생이 알 수 없었다. 막연하지만 진솔한 갈망이 있었다. 건축이 열정을 쏟을 만큼 중요하고 재미있는 일이기를 원했다. 건축을 직접 보고 글로 읽고 싶었다. 나중에 알았지만 그런 건축이 당시 한국에 없었던 것은 아니다. 그것을 알려주는 사람과 책을 찾지 못했을 뿐이다.

결핍과 갈망은 여러 세대가 공유한 한국 근대사의 지평이다. 경성고공 건축학부를 졸업하고 건축을 향한 갈망을 채우지 못한 채 시인이 된 김해경/이상이 가장 잘 알려진 인물일 것이다. 근대의 많은 전문 분야가 그랬듯이 건축의 개념과 제도도 일제강점기에 유입되었다. '건축'은 메이지 유신 시기 일본 학자들이 '아키텍처architecture'를 번역하여 만든 말이다. 서양의 아키텍처는 르네상스에서 시작하여 19세기 후반에 독자적인 전문 영역으로 자리 잡은 개념, 제도, 실천 양식이다. 물론 서양의 중세가 그렇듯, 조선 시대도 집을 짓고 환경을 조성하는 체계가 있었다. 건축가의 존재 없이, 의미심장한 '영조營造'의 체계가 있었고 삶의 터전을 조성하는 방법론을 갖고 있었다. 하지만 근대화 과정에서 이런 전통을 이어가지 못했고 아키텍처를 주도적으로 수용하지 못했다. 김해경의 경험에서 보이듯이 일제는 한국인을 건축가로 양성할 의도가 없었다. 그들은 건축 분야를 포함하여 기초적인 관료 제도를 만들었을 뿐이다. 경성고공에 별도 학과로 토목, 건축, 광산, 방직, 기계, 전기를 두었고 조선총독부에 근대적인 분과로 구성한 지배 체제를 구축했다. 근대는 법률로 정의된 각 분과로 운영되었다. 건축법 제2조는 "토지에 정착定着하는 공작물 중 지붕과 기둥 또는 벽이 있는 것과 이에 딸린 시설물, 지하나 고가高架의 공작물에 설치하는 사무소·공연장·점포·차고·창고"라고 "건축물"을 정의한다. 한국 사회는 과학, 기술, 법, 경제, 사회, 인문, 예술 등 제도적인 큰 분류 체계로 운영되었고 건축은 대개 기술 분야 아래 소분류에 속했다. 지금의 관료·교육·기업 조직을 보면 이러한 분과 체제가 아직도 작동한다는 것을 확인할 수 있다.

아키텍처와 건축이 역사적 현상이듯, 비평도 서양 근대사의 산물이다. 자본과 기술이 지배하는 시대에 비평은 예술의 수호자로 탄생했다. 전문 지식을 기반으로 독자적 세계를 구축한 과학과 달리 감각의 영역에 거주하는 예술은 그 당위성을 보증하는 정교한 판단력이 필요했다. 예술이 왜 필요하고 어떻게 정의되는가. 회화는 무엇인가. 조각은 회화와 어떻게 다른가. 건축 공간의 속성은 무엇인가. 물론 서양 예술에 국한된 질문이었다. 하인리히 뵐플린, 에르빈 파노프스키, 클레멘트 그린버그, 콜린 로우, 그리고 기디온과 같은 학자가 던진 질문들이다. 음악, 회화, 조각, 문학, 건축 등 각 장르의 고유 속성을 정의하고 이것이 곧 창작의 규범으로 작용하는 것이 20세기를 지배한 모더니즘이었다. 관료적인 분과 체제와 각 예술 장르의 독자적 규범은 모더니티의 양면이었다. 그런데 한국은, 특히 건축의 형성과 전개 과정에서, 근대의 한쪽 면이 건축을 지배했다. 건설을 위한 관료 체제로 건축을 도입했고, 근대화 과정에서 많은 건물이 지어졌다. 한국 건축을 사유하는 비평은 근대의 출발이 아니라 그 말미에 비로소 등장한다.

후진성에 대한 자의식을 가지며 당시의 많은 젊은 건축가와 건축학도가 그랬듯 유학을 선택했다. MIT 박사 과정에 입학하여 유럽과 미국의 현대 건축을 중심으로 역사, 이론, 비평을 공부했다. 역사학자로서 철저한 훈련을 받았고, 건축과 미술 비평에 대해서도 폭넓게 공부했다. 서양 건축을 공부하면서 얻은 가장 큰 교훈은 건축이 지식이자 실천 체계일 수 있다는 인식이었다. 훌륭한 외과 의사가 수술을 위한 총체적인 역량을 지녀야 하듯이, 건축가는 설계자로서 갖추어야 할 역량이 있다. 영어로 'discipline', 한국어로 '기율紀律'이라는 개념을 발견했다.[2] 어린 건축학과 학생으로서 갈망한 바가 기율이라는 것을 알았다. 대학 학과와 조직 부서로서 건축은 규정되어 있었지만, 그 기율이 편협하고 모호했다. 일제강점기의 왜곡된 탄생, 해방 후 전쟁과 분단, 군사 독재, 압축 성장이 이어지면서 건축은 불안정하게 성장했다. 이런 상황을 두고 2010년대 『대한민국에 건축은 없다』, 『건축 없는 국가』라는 극적인 제목의 책들이 출간되기도 했다.[3] 대한민국에 건축이 없는 것은 물론 아니다. 기율이 모호하다고 해서 그 실천이 불가능한 것은 아니다. 건축은 없는 것이 아니라, 이런 건축에 대해 역사와 비평이 어떻게 말해야 하는지 몰랐던 것이다.

역사와 비평은 불가분의 관계를 맺는다. 비평은 역사에 기반을 두면서 동시에 역사를 만든다. 담론을 분석하고 스케치와 도면을 독해하는 학위 과정의 훈련은 궁극적으로 비평의 방법론적인 근간이 되었다. 하지만 역사학자로서의 훈련이 한국 건축에 대해 바로 글을 쓸 수 있게 해주지는 않았다. 유학을 마치고 귀국하니, 한국은 열린 사회를 만들어가고 있었다. 한국의 건축 비평 문화는 1980년대 중반부터 형성되기 시작하여 1990년대에 증폭되었다. 비평 원고 요청도 꽤 있었고 비평가의 역할을 하고 싶기도 했다. 하지만 서양과 다른 궤적으로 움직이는 한국 건축에 대해 글을 쓰는 것이 아주 어려웠다. 소수이긴 했지만 활발한 비평 활동을 하는 동료와 선배가 있었다. 언어 체계로, 건축 형식으로, 유전 인자로, 건축을 바라보는 철학적 입장도 다양했다. 한국 건축 담론의 폭을 넓혀가는 이들의 활동에서 많은 자극과 교훈을 얻었다. 하지만 건축에 대한 분석이 결여된 추상적 언어, 건축을 재단하는 고착된 개념, 심지어 개인에 대한 인신공격을 마주할 때 비판적 커뮤니티가 가능할지 회의가 들었다. 후기 산업 사회든 건축 시학이든 주로 서구에서 형성된 개념으로 한국 건축을 논했다. 그리고 한국 건축은 언제나 그 개념에 못 미치는 것으로 결론지었다. 말과 사물은 필연적으로 엮여 있는데, 말로 사물을 평가하는 것이 못마땅했다. 말과 사물을 연결하는 것은 쉽지 않은 일이다. 문화적 단절을 거쳤던 우리나라에서는 더욱 어렵다.[4] "비평의 토대가 될 만한 역사적인 정설도, 축적된 자료도 없으며 반론을 펼 만한 확실한 명제도" 없는 상황에서 비평을 할 수 있는 길을 찾아야 했다.[5] 우리 역사에 대한 충실한 이해와 함께 동시대의 현장 안으로 들어가야 했다.

비평을 찾아가는 여정은 학위 과정처럼 체계적이지는 않았다. 하지만 의심과 사유의 과정이었고, 무엇보다도 대화와 배움의 시간이었다. 치밀하게 답사했던 건축의 현장, 좋은 건축을 만드는 데 함께하는 건축가, 건축주, 시공자, 엔지니어, 연구자, 사용자가 모두 스승이었다. 척박한 환경에서 좋은 건축을 실현하려는 이들의 열정을 체감했고 때로는 무모한 영웅주의와 냉소적 패배주의도 목도하였다. 다양한 사람과의 대화, 그들이 만든 현장은 자칫 편협해질 수 있는 학자의 세계를 넓혀주었다. 진취적인 기업인, 도시 재생 현장의 활동가, 생활의 터전을 잘 만들고 싶은 이들과 교감하면서 한국 건축에 대한 애정을 다졌다. 사진가 신경섭의 작업에서 찾은 표현처럼 이것을 '냉철한 애정'이라 부르고 싶다. 애정은 구체적이다. 긴 호흡의 연구자로서 기술하는 역사와 다른, 비평이 갖고 있는 현장성이 있다. 문서와 유적을 주로 다루는 역사 기술과 달리 비평은 살아있는 사람, 장소와 함께한다. 역사의식을 견지하면서도 역사서를 쓴다는 무게감은 덜어내는 장점도 있었다. 현장과 맥락에 충실한 글의 매력을 발견했다.

『건축 너머 비평 너머』 근간에는 나와 건축가의 관계가 있다. 나는 이 책에서 언급하는 건축가들과 넓고 깊게 교류했다. 건축가와의 교류는 비평가 입장에서만 이루어진 것이 아니다. 전시의 동료 큐레이터로, 큐레이터와 작가로, 책의 공저자로, 프로젝트 자문 등으로 다양하게 협업하며 서로 알고 또 신뢰를 쌓았다. 이러한 신뢰가 바탕이 되어 개인의 자료, 잡지에 게재되지 않은 스케치, 중간 모형, 때로는 공사 과정도 살필 수 있었다. 그리고 신뢰를 기반으로 많은 대화를 할 수 있었다. 세대에 따라 듣는 이야기, 교류하는 방식이 달랐고, 그에 따라 학습 내용이 달랐다. 개발의 시대는 김석철의 이야기를 들었다면 지금은 조남호, 바래와 함께 기후 위기의 건축을 탐색하고 있다. 이 책에 담겨있지 않지만, 김석철이 전해준 가장 인상적인 스토리는 김포 공항을 설계한 경험담이다. 대학을 졸업하고 건축가 김수근의 '공간'에 입사했는데, 비행장을 본 적도 없고 비행기를 타본 적도 없던 그가 국제 공항을 설계했다는 무용담이었다. 현재 국제선 여객 수가 세계에서 세 번째로 많은 인천 공항을 운영하는 대한민국에서, 불과 50년 전에 일어난 일이다. 김석철과는 인터뷰하며 이야기를 듣는 정도의 관계를 맺었지만, 이후 대부분의 건축가와는 대화할 뿐만 아니라 여러 차례 협업하였다. 건축가와의 다양한 관계가 이 책의 근간이지만, 그 역학의 공통분모는 학습이다.[6] 본 적 없는 공항을 설계하는 젊은 건축가 김석철도, 미역 바이오 플라스틱으로 건축 구조를 만들고자 하는 바래도, 그 이야기를 기록하고 또 함께 일하는 나도 공부를 하고 있었던 것이다.

『건축 너머 비평 너머』는 이렇듯 비평가와 작가 사이에 통념적인 거리를 두고 있지 않다. 비평가가 작가와 가까워지면 이해관계가 얽히고 판단력이 흐려진다는 일반론은 건축 비평에 관한 한 매우 제한된다. 문인의 등단, 미술 시장에서 아티스트의 위상, 영화와 공연 관객을 움직이는 평론… 시대에 따라 다르지만 비평의 영향력이 클 수 있다. 하지만 건축 비평의 경우, 시장의 이권에 아무런 영향력이 없다고 단언할 수 있다. 건축은 건설업과 관련 깊은 전문 서비스 산업이기 때문에 영향력을 행사할 여지가 없다. 건축 설계 공모전에서는 비평가가 비평가라고 해서 심사위원으로 초대받지 않는다. 물론 비평은 긴 역사적인 지평에서 건축가의 위상을 판단하는 데 깊이 연관되어 있다. 그렇기에 비평가와 건축가 사이에는 긴장 관계가 있어야 한다. 긴장 관계는 서로를 경계하는 것이 아니라 다른 입장과 전문성을 존중함으로써 지속된다. 나는 건축가가 아니다. '나라면 저렇게 하지 않았을 텐데', '내가 했으면 더 잘했을 텐데', 이런 이탈적 감정으로 건축 작업을 보지 않는다.

이 책의 원동력은 거리가 아니라 차이다. 비평가와 건축가의 입장 차이, 그리고 개념의 차이가 그것이다. 한국 현대 건축과의 어긋남을 알지만, 서양 건축의 개념과 우리의 옛 개념을 비평 담론 안으로 끌어들였다. 예를 들어 '파사드'라는 서양 건축의 개념과 '좌향'이란 풍수지리의 개념이 있다. 안과 밖, 공간과 사물의 위상, 설계의 방법과 관련된 오래된 개념들이지만 동서양의 이질적인 전통이다. 한국 건축가들이 파사드라는 말을 사용하지만, 서양의 전통과 다르고 풍수의 전통과도 다르다. 한국 현대 건축의 벽과 입면은 이질적인 개념들의 차이에 대한 논의를 통해 새로운 개념과 짝을 맺는다. 한국 현대 건축의 벽은 파사드가 아니라 풍경을 조율하는 '담'이다. 서양과 대조적으로 바닥이 건축 공간의 근간이다. 비평의 학습 과정에서 이러한 제안들을 하게 되었다.[7] 그 원류가 서양이든 한국이든 비평에 사용되는 개념은 평가의 잣대가 아니라 질문의 도구다. 차이에 관한 질문을 통해 새로운 개념을 만드는 것이다. 비평을 통해 건축을 평가한다고 생각한 적 없다. 나에게 비평은 건축을 통해 생각하는 것이다.

『건축 너머 비평 너머』에 실린 원고들이 하나씩 만들어지는 동안 세상이 변하고 건축이 변했다. 20년 전 아시아의 경제 규모가 미국과 유럽을 앞서가기 시작했다. 페이스북이 일반에게 공개되어 소셜 미디어 시대가 열렸고, 최초의 세계 기후 협약인 교토 프로토콜이 승인되었다. 아시아가 성장하는 가운데, 한국은 구조적인 저성장 시대로 접어들었다. 거대한 변화 속에서 무엇보다도 지금 나를 움직이는 것은 기후 변화에 대한 의식이다. 기후 변화는 근대와 인과응보의 관계를 맺고 있기 때문에, 근대를 갈망하며 통과했던 나에게 구체적인 자기 성찰을 요구한다. 여전한 것은 건축이 열정을 쏟을 만큼 중요하고 재미있는 일이기를 바라는 마음이다. 여기서 말하는 건축은 50년 전에 갈망한 건축이 아니다. 한국 사회가 변한 것처럼 건축도 많이 변했다. 건축의 사회적 위상과 함께 대중적인 인식도 성장했다. 좋은 건축주, 건축가, 시공자, 운영자, 사용자가 함께 만든 좋은 장소들이 풍부해졌다. 국립현대미술관과 목천건축아카이브에서 건축 아카이브를 만들었고, 국립도시건축박물관이 개관할 예정이어서 "축적된 자료"가 없다는 20년 전의 괴로움도 이제 과거사가 되었다. 하지만 건축의 정체성을 확고히 하는 이러한 변화와 함께 기성 건축의 체제를 흔드는, 더 근본적인 변화의 시대에 들어섰다. 기후 위기, 사회 구성과 디지털 환경의 변화는 근대적인 분과 체제의 재구성을 요구한다. 에너지, 생애 주기, 사회적 포용력의 문제에 대응하면서 기성 건축의 해체에 이를 수도 있다. 100년을 사용해 온 '건축'이란 말이 갑자기 사라지지는 않겠지만 제도로서, 기율로서 건축은 변할 것이다. 이제 건축의 독자성을 확인하는 것만이 비평의 역할이 아니다. 영조와 건축이 다르듯이, 비평은 건축 너머 또 다른 건축을 탐색해야 한다.

『건축 너머 비평 너머』는 과거의 궤적이자 진행 중인 탐구의 단면들이다. 한국의 대표적인 건축가와 대표작을 체계적으로 포섭하지 못한 글들이지만 학습 결과를 내보이는 것 이상의 욕심으로 출간하였다. 한국 건축의 현장에서 다져진 애정을 독자와 공유하고 싶었다. 비평가는 세상과 동떨어진 건축물을 대상으로 글을 쓰는 독립된 주체가 아니다. 건축이 관계의 산물이듯이 비평도 관계를 언어화하는 행위다. 비평의 동인이 된 관계 속의 갈망은 온라인에 구조화된 결핍과 다르다. 정보 관계망에서 24시간 쉼 없이 반복되는 상대적 결핍은 사유와 학습을 전제로 하지 않는다. 갈망이 사유와 학습을 동반하지 않을 때, 애정을 말할 수 없다. 독자들은 이 책 저변에 오래된 관계에 대한 애정이 자리 잡고 있음을 감지할 것이다. 사랑이 관계와 시간의 함수라면, 재배열되는 건축 너머의 열린 지평을 두려워할 필요가 없다. 사랑은 변함없는 대상을 향한 마음의 화살이 아니다. 변화의 동반자로 탐구할 때 건축 너머, 비평 너머 사랑이 함께할 수 있다.

말
과

얼굴

초상 — 김수근과 승효상

'우리가 누구인가'는
'우리가 어디에 있는가'와 맞물려 있다.

이소자키 아라타: 올림픽 시설을 한 사람의 건축가가
그 정도로 완성시킨 것은 김수근 씨가 처음이지요?
김수근 씨는 건축가로 일을 시작하면서부터 국가 시설을
만들어왔습니다. 소위 국가를 대변해야 하는 건축 말입니다.
그런데 저의 경우 나라는 이미 완성되어 있었어요. 은사이신
단게 겐조 선생님까지는 국가의 건축이라는 의식이
분명했다고 생각합니다. 하지만 저는 약간 굴절되어 오히려
국가에 등을 돌리는 곳에서 시작해야만 했어요. '이것이 일본
양식이다'라고 국가와 동일시되어 밀어붙이는 것이 없는
상황이었기 때문이지요.

김수근: 그것이 전 부러워요. 국가를 만들어가는 시기에
한국에서 건축을 할 때 개인보다 국가나 민족이 전면에
나와요. 그런 면에서 이소자키 씨는 자유로운 거죠. 자유는
인간에게 제일 중요해요.

—— AP통신, 1986[8]

김수근과 승효상. 선생과 제자가 모두 걸출한 건축가로 인정받은 드문 관계다. 김수근을 스승으로 생각하는 건축가들은 많지만, 승효상만큼 자신이 김수근의 제자임을 끈질기게, 직설적으로 이야기한 이는 없다. 여기서 볼, 이들의 초상은 개인의 자화상이자 한국 사회의 변화를 말해주는 단상들이다. 촬영 시점과 배경이 모두 다른 사진들이다. 앞의 두 사진은 그들이 이룬 큰 성과로 세간의 인정을 받던 시점이고, 뒤의 두 사진은 자신의 건축 세계에 대한 의문과 반성, 회한의 시점이다. 김수근의 첫째 초상(30쪽)은 1977년 시사주간지《타임》이 그를 "한국의 로렌초 데메디치"라고 극찬한 기사의 사진이다. 세계적인 잡지의 칭송은 김수근이 평생 갈구했던 것처럼 세계적인 건축가로 인정받았음을 의미했다. 개장한 지 1년이 조금 넘은 잠실 '올림픽주경기장'. 여기서 일본 사진작가 무라이 오사무가 촬영한 김수근의 두 번째 사진(32쪽)은 김수근과 이소자키 아라타 간의 대담에 사용된 것이다. 사진 촬영 당시, 김수근은 투병 중이었다. 다섯 달 후 그는 간암으로 운명했다. '공간 사옥'과 올림픽주경기장, 두 촬영 현장에 승효상이 자리를 함께하였다. 승효상의 첫 번째 사진(31쪽)은 2002년 국립현대미술관 '올해의 작가'로 선정되어 도록에 수록한 이미지다. 건축가가 선정된 것은 승효상이 최초이며 아직까지 유일하다. 아름다운 산세를 배경으로 콘크리트 구조체를 따라 걷는 두 번째 사진(33쪽)은 1998년

카나리아 제도 테네리페에서 촬영한 것이다. 승효상은 당시 북런던대학(현 런던메트로폴리탄대학교) 객원 교수였으며, 설계 스튜디오 답사 중 동료 교수 필립 크리스토가 이 사진을 찍었다. IMF 금융 위기로 한국에서 프로젝트가 없었던 승효상은 재충전을 위해 런던에 1년간 머무르고 있었다. 그는 1990년대 초반부터 '빈자의 미학'에 천착했고, 같은 제목의 책을 1996년에 출간했다. '빈자의 미학'으로 김수근의 그늘에서 벗어났다고 믿었지만, 다시 한번 자신의 건축을 돌아봐야 하는 지점에 있었다. 승효상은 좁다란 길을 내려다보며 그런 생각을 하고 있었는지도 모른다.

김수근과 승효상의 사진은 대조적이다. 첫 번째 사진 속 김수근은 카메라를 정면으로 응시한다. 꼭 맞는 짙은 하이넥 스웨터에 팔짱 낀 그는 당당하고 자신감 넘친다. 검은 벽돌, 담쟁이덩굴, 석조상으로 자신의 건축사무소 공간 사옥 앞에서 찍었음을 알 수 있다. 김수근은 이렇게 자기 작품을 배경으로 사진 찍는 것을 좋아했다. 선비 모습을 한 화강암 문인상은 무인상과 더불어 조선 시대 사대부의 묘를 지키는 석상이다. 공간 사옥 입구의 두 조각상 중 문인상이 사진의 짝이 되었다는 점에 주목하자. 김수근은 자신과 문인상을 동일시하고 있다. 문인석은 김수근과 생김새도 비슷하다.

〈올해의 작가〉 도록에 쓰인 승효상 사진도 자신의 건축사무소 이로재에서 찍은 것이다. 그러나 사진만으로는 그곳

김수근, 1977

초상

승효상, 2002

김수근과 승효상

김수근, 1986

33

승효상, 1998

김수근과 승효상

이 어디인지 확실치 않다. 밖에서 들어오는 빛을 등진 채 어두운 방에 앉아있다. 카메라는 사색에 잠긴 모습을 위쪽에서 포착했다. 텅 빈 시선은 허공을 응시하며 의도적으로 카메라를 외면하고 있다. 얼굴은 바로크적이라 할 만큼 반쯤 그늘져 있다. 그 뒤로 어두운 실내에 평범한 시멘트 블록으로 쌓인 벽이 있다. 그의 작품에서 자주 등장하는 인테리어다. 하지만 이런 시멘트 블록은 어디서든 볼 수 있다. 그렇다면 여기는 어디인가. 불확실함은 되레 호기심을 증폭시킨다.

이에 반해 김수근은 인생에서 가장 힘든 시기에도 강렬한 포즈를 취했다. 국가 프로젝트 올림픽주경기장을 배경으로 작가와 작품이 어우러져 스펙터클을 연출한다. 투병 생활에 지치고 약해졌지만 거장의 위엄은 양보하지 않는다. 승효상이 자리하고 있던 테네리페의 풍경은 어떤가. 땅과 인공 사이의 경계를 따라 승효상은 걷는다. 고개를 내리고 미지의 구조물을 따라 걷고 있다. 이곳은 저수지인가, 아니면 요새인가. 어두컴컴한 방 안에, 그리고 산세에 둘러싸인 불명의 구조물 위에 있는 모습을 택했다. 승효상은 어디에 있는가. 김수근은 심리적으로, 공간적으로 자신의 작품과 밀착되어 있다. 관찰자의 시선은 그가 만든 건축 영역 안에 고정되어 있다. 이 사진들은 김수근이 누구인지를 보여주려고 한다. 하지만 우리가 알고 있는, 우리가 보고 있는 김수근의 모습은 무엇을 말해주는가. 배경에 선명한 그의 작품을 보며 우리는 김수근을 작품과 동일시한다. 건축가와 건물의 정체가 같다고 말하고 있다. 김수근은 바로 그의 건축이다.

한국 건축이 정체성 논란에 휘말린 가장 유명한 사건은 김수근이 설계한 '국립부여박물관'의 왜색 논쟁이다. 사건이 터진 1967년, 김수근은 스타 건축가로 급부상하고 있었다. 30대 중반을 채 넘지 않은 젊은 나이였지만 국민 건축가로 자리매김하고 있었다. 군사 정권이 복고적인 문화 정책을 추진하고 있었고, 한일 국교 정상화에 반일 감정이 고조되던 시점이었다. 1967년 8월 19일 자 《동아일보》에 부여박물관 정문이 신사의 상징적인 문인 '도리이鳥居'와 닮은꼴이라는 논평이 게재되면서 부여박물관 논쟁이 본격화되었다. 문화재 관리위원들은 "그 건축 양식이 백제 고유의 것이냐, 아니냐가 먼저 가려져야 할 것임을 강조했다"라고 기사는 쓰고 있다.[9] 그 후 두 달여 동안 "부여박물관은 전통 한국식이냐, 왜색이냐"를 놓고 역사가, 건축가, 예술가, 그리고 건축에 별 관심이 없던 대중까지 갑론을박을 벌였다. 일본 유학을 마치고 귀국한 지 5년 정도밖에 되지 않은 젊은 건축가, 아내가 일본인이던 김수근은 사실상 한국과 일본의 전통에 대해 잘 알지 못했다. 그의 건축은 물론 김수근 본인까지 심판대에 오른 것이다.

왜색 논란은 김수근이 개작에 동의함으로써 가라앉았다. 하지만 이 사건은 그를 근본적으로 흔들어 놓았다. 김수

36

부여박물관 정문

김수근과 공간, 공사 중인 부여박물관, 1967

초상

근은 당시 국립중앙박물관의 미술과장이었던 최순우를 찾아 한국 전통의 아름다움에 대해 사사하기 시작했다. 최순우는 고학으로 높은 안목을 가진 한국 미술의 권위자였으며, 훗날 국립중앙박물관장을 지내는 인물이다. 김수근은 최순우의 도움으로 한국의 전통미에 눈뜰 수 있었다고 말하기도 했다.[10] 참회, 깨달음, 절제의 과정을 거쳐 과거의 조형적이고 기념비적인 건축에서 탈피해 한국 건축가로서의 독보적인 자리를 찾고 새로운 건축 형식을 선보이게 되었다는 것이 한국 현대 건축사의 정설이다. 이후 설계한 공간 사옥은 진정한 한국적 모더니티에 대한 김수근의 모색을 상징하는 건물이 되었다. 젊은 건축가 김수근을 파멸시킬 뻔했던 부여박물관 사건이 일어나고 10년 뒤, 김수근은 공간 사옥 앞에서 《타임》지를 위해 포즈를 취한 것이다. 문인석 옆에서 김수근이 내보인 자신감은 이런 아픈 과거를 배경으로 한다. 부여박물관 사건으로 시작하는 김수근의 전기는 자기 갱신의 서사를 갖고 있다. '위기, 개안, 구원'은 영웅 신화가 완성되는 전형적인 과정이다.

하지만 이런 신화는 많은 질문을 낳기 마련이다. 김수근은 최순우로부터 어떻게 배웠을까? 구체적으로 무엇을 전수받았을까? 김수근과 최순우는 답사 여행을 여러 차례 함께 했다. 동행한 사람들도 많으나 두 사람이 구체적으로 어떤 대화를 나눴는지 전해주는 이는 없다. 과연 김수근이 무엇을

석굴암 부조 관음상, 8세기 중반

초상

어떻게 배웠는지 탐색하는 취지에서 최순우의 한국 미술 평론을 살펴보기로 하자. 최순우의 『무량수전 배흘림기둥에 기대서서』는 한때 한국 미술·건축 분야 필수 교양서와 같은 책이었다. 여기에 석굴암 암벽을 장식하는 부조 관음상을 새긴 조각가의 정체를 논하는 글이 있다. 최순우가 이 글을 쓴 구체적인 동기가 있다. 8세기에는 중국 당나라 조각가만이 석굴암의 탁월한 부조상을 조각할 수 있었을 것이라는 일본 고고학자 하마다 고사쿠의 주장을 반박하기 위해서였다. 하마다의 주장에 대해 최순우는 부조의 이목구비가 전형적인 한국인 모습이므로 조각가가 한국인일 수밖에 없다는 반론을 편다. 부조상 얼굴을 보면 석굴암을 만든 "신라인들이 이상적으로 생각하는 남성형과 여성미"가 그대로 반영되었다는 것이 최순우의 주장이다. 당나라 조각상이라면 중국인의 특징과 분위기를 풍겼을 터이나 "석굴암 불상들의 얼굴을 바라보고 있으면 한족韓族적인 풍김과 그 이상이 완연하다"라는 것이다. 그 근거로 자신이 개발한 독특한 습관을 소개한다. 외국의 박물관을 처음 방문할 때 전시물의 해제를 읽지 않은 채 멀리서 보며 옛 부처상들의 '국적'을 유추한다는 것이다. 최순우는 "조상들에게 감사하는 마음을 금할 수 없었다"라면서 부처상 얼굴만 보고도 한중일 가운데 어느 나라의 조각품인지 알 수 있다고 자랑스럽게 말한다.[11] 오로지 한국인만이 진정으로 한국적인 예술 작품을 만들어낼 수 있으며, 한국인만이 한국의 작품을 알아낼 수 있다는 것이다. 예술 작품을 직접 대면함으로써 작가와 작품, 보는 이의 정체성이 합일된다는 뜻이다. 이러한 합일을 통해 최순우는 작품은 물론 자신의 아이덴티티를 확인한다.

최순우가 김수근에게 새로운 길을 열어주었다. 하지만 그의 태도는 부여박물관을 향한 세간의 비난과 다를 바 없었다. 권위를 통해 주체와 객체를 동일시하는 논리다. 조각상의 얼굴을 보고, 사진 속 초상을 보고, 한국인인지 아닌지를 파악하는 것과 똑같은 방법으로 건축의 정체성도 파악될 수 있는 것이다. 김수근의 부여박물관을 일본의 것이라고 비난했던 이들도 박물관의 특징을 놓고 같은 논리로 김수근의 정체성까지 문제 삼았다. 최순우는 조각상을 멀리서 파악한 후 가까이 다가가 작자와 시대에 대한 설명을 읽었다. 이미 추론한 내용을 확인하기 위함이었다. 김수근과 최순우, 두 사람이 여러 번 가르침과 배움의 자리를 가졌지만 그 자리에는 오직 침묵이 감돌았다고 한다. 말이 없었다는 것이 놀라운 일은 아니다. 읽어야 할 책도 없었고, 토론해야 할 질문도 없었던 것이다. 오로지 현실과 자아가 직접 대면한다. 말과 글이 대체할 수 없는 땅과 공간, 건축을 '체험'함으로써 깨달음을 얻었다는 뜻이다.

'너는 누구냐?' 석굴암의 관음상, 부여박물관, 그리고 김수근을 향한 질문이다. 정체성의 물음은 사유나 비평에 열려

있는 물음이 아니다. 심판의 과정이요, 이미 알고 있는 것을 재확인하는 과정일 뿐이다. 너는 누구냐. 1967년의 김수근이 할 수 있는 대답은 극히 제한되어 있었다. 반일 감정이 극에 달한 상황에서 자신이 요시무라 준조, 단게 겐조의 제자임을 공표할 수 없었다. 김수근은 일본에서 받은 교육과 얻은 경험을 부정도 긍정도 하지 못한 채 개인적 표현의 논리에 기대었다. 부여박물관은 "백제 양식도, 일본의 신사 양식도 아닌 나, 김수근의 양식"[12]이라고 반항하듯 주장했다. 자기 삶과 역사를 부정하는 표현이다. 김수근은 자신이 구체적으로 경험한 공간 속에 자신을 자리매김할 수 없었다. 국가냐 개인이냐, 사회적 규범이냐 특별한 한 사람의 정체성이냐, 이렇게 두 가지 대안밖에 없었다. 김수근은 국가와 개인은 다르다고 주장했고, 부여박물관을 왜색이라고 비난한 이들은 같다고 주장했다. 1960년대 당시 한국 건축계에는 집단과 개인을 중재할 수 있는 한국 미학의 역사도, 건축의 역사도 없었다. 감각이 곧 지식이 되어버리는 위험한 풍조를 중재할 역사의 힘이 없었다. 딱 보면, 그저 느끼기만 해도, 안다는 것이었다. 그래서 김수근은 이소자키가 부러웠다. "국가를 만들어가는 시기에 한국에서 건축을 할 때 개인보다 국가나 민족이 전면에 나와요. 그런 면에서 이소자키 씨는 자유로운 거죠. 자유는 인간에게 제일 중요해요." 부여박물관 논란 이후 20년, 죽음을 다섯 달 앞둔 김수근은 자유에 대한

렘브란트, 자화상, 1629년경

초상

열망을 회한으로 되새기고 있었다.

승효상의 건축 세계는 어떠한가? 빛과 어두움, 안과 밖이 어우러져 있다. 이는 계몽주의 이후 서구 근대의 기본 틀이다. 빛과 어두움 사이에 어떤 공간이 존재한다. 그 공간은 스스로 아이덴티티를 설정하는, 자신을 자리매김하는 근대적 관찰자의 공간이다. 관찰의 주체와 객체가 정신적으로, 신체적으로 공존할 수 있는 잠재적인 공공 영역이다. 빛과 어두움, 표면과 내면, 배우와 관객으로 이루어진 영역, 르네상스에서 계몽주의로 이어지면서 형성된 서구적인 전통이다. 이제 다시 승효상의 초상으로 돌아가 보자. 그의 초상에서 보이는 그림자는 T. J. 클라크가 계몽주의 초상화에 대해 말한 바와 같이 "내면의 은유"다. 초상화를 보고 있노라면, "해석이 어려운 순간이 생긴다. 내면의 세계는 독해의 어려움에서부터 힘을 얻는다. 잠시 해석을 유예해야 한다. 그림 속의 눈이 슬쩍 비껴 보고 있다. 완전히 자신을 드러내는 것을 살짝 피하고 있다. 그러면 보는 이는 이 초상화의 표정을 '표현'으로 전환시킨다".[13]

승효상의 자화상은 서양의 전통과 함께 한국적 초상의 전통도 수용하고 있다. 1992년 '이 시대 우리의 건축'이라는 제목의 4·3그룹 전시 카탈로그에 실린 열네 명의 건축가 중 승효상 편 첫 페이지에 등장한 몽타주가 그것이다. 의자에 앉아 정면을 응시하고 있는 그는 두 손을 포개고 다리를 벌

44

승효상, 1992

水一狐食鳥・切勿索賞・受一飯・懷一力・梁知義

遺・無一朝之患・自愛終身之譽・有不病之藥・吉葉

不改之藥・敦尙士風・廉傲輕獻・怡慧詐愚・勿交姦

佞・勿嘆貧辱・怡然順理・悠然有得・無心出岫之雲

卽・不可鑒空之月　　 ^-。*-^。

也・鵬鴻濱墨忘形

軆・羲皇上世之淳

朴・容止猷則存型

像・唐虞三代之典

刑・宮子觀齊・感於

北堂　　　　　　　　seung h-sang

김정희, 자화상, 연대미상

초상

린 채 무관심한 듯 페이지 밖을 바라본다. 그를 둘러싸고 "물 한 쪽박 찬밥 한술이라도 거저먹지 말며"로 시작하는 김시습의 「북명北銘」이 적혀있다. 15세기 시인이며 학자였던 매월당 김시습은 이 시를 통해 선비의 올바른 도리를 표현하고 있다.

  시와 사진의 병치는 조선 시대 초상화의 인물(자화상의 경우 화가 자신)이 그림에 대한 평가를 화폭 안에 함께 썼던 기법을 따른 것이다. 이러한 평가는 자화자찬을 뜻하는 '자찬自讚', 혹은 스스로 오만을 경계한다는 뜻의 '자경自警'이라고 부른다. 미술사학자 강관식에 따르면 이러한 회화 관행은 "초상화의 원본"이 자신을 표현하는 과정에 직접 개입하는 방법이다. 작가는 그림을 평가하고 그 평가를 그림에 남김으로써 표현의 주체이자 객체가 된다. 자찬, 혹은 자경은 선비의 초상화에 내재된 모순을 관통한다. 선비들이 신봉하던 유교적 윤리는 개개인의 자아를 절제할 것을 요구한다. 동시에 유교 제례는 실재 인물을 대신하는 초상화가 원본처럼 기능하는 주술성이 필요하다.[14] 사색적인 글귀에서 알 수 있듯이 자찬은 재현된 자신의 모습에 대한 존재론적 성찰로 이어진다. 초상화의 인물은 그림이 모사에 불과하다는 것을 깨닫고 깊은 고민에 빠진다. 허구의 그림은 진정성에 대한 판단을 관찰자에게 짊어지우면서 관찰자의 존재조차도 허구임을 시인하게 된다. 승효상은 『빈자의 미학』에서 조선의 문예 부홍에 불을 당긴 추사 김정희의 서화를 삽화로 이용하고 있다. 추사는 자화상에 다음과 같이 자찬을 쓴 적이 있다. "이 사람이 나라고 해도 좋고 내가 아니라 해도 좋다. 나라고 해도 나이고 내가 아니라고 해도 나이다. 나이고 나 아닌 사이에 나라고 할 것도 없다."[15] 추사는 반어법을 동원해 언어, 이미지와 자의식이 각기 독자적인 세계를 가지면서도 서로 뗄 수 없는 관계임을 말한다. 내가 아닌 존재로 분열된 자아는 강관식의 표현처럼 "상처"를 입는다. 많은 성리학자가 자찬을 분열의 상처를 달래는 변명의 장치로 사용했다. 하지만 추사는 분열의 상처를 치유하려고 애쓰기보다는 분열을 인간의 조건으로 덤덤히 수용하였다.

김수근과 마찬가지로 승효상도, 권력과 부를 멀리하고 정제된 기율을 연마하는 선비이고자 한다. 이것이 바로 '빈자의 미학'의 출발점이다. 그런데 다른 시대를 살았던 두 건축가는 공인 역할을 하며 정치권력과 가까이 활동했다. 전혀 놀랄 일이 아니다. 이들이 이상으로 설정했던 선비의 세상은 이미 분열되어 있다. 대중과 권력자에게 자신의 얼굴과 작품을 알리는 것 자체가 자기 절제의 윤리와 모순되는 행위다. 이렇게 분열된 세상에서 자아의 확인과 유명론적 세계관이 균형을 이루기 위해서는 언어가 중재자 역할을 해야 한다. 김시습의 「북명」에는 이런 모순이 있다. 승효상이 앉아있거나 걸어 다니는 공간들은 김수근이 자리 잡고 있는 작품 세계와는 달리 그 장소가 구체적으로 어디인지를 알기 어렵다. 조선 시대 초상화 속 장소는 어디인가? 초상화 인물의 배경이 무의미하듯 그림 한 귀퉁이를 차지하고 있는 자찬은 인물과 공간적 관계가 모호하다. 승효상은 주술적 공간을 물질화한 선비의 분열된 자아도 아니며, 올림픽주경기장의 원근법적인 무대 전면에 나선 김수근도 아니다. 승효상의 합성 사진은 조선의 제례적 초상화 양식과 서구의 자아 중심적 투시도 공간 사이를 서성이고 있다.

승효상이 정체성 문제를 넘어섰다고 이야기하는 것이 아니다. '우리가 누구인가'는 '우리가 어디에 있는가'와 맞물려 있다는 것이다. 최순우가 신라 조각상을 보며 그 아이덴티티에 대한 자신의 직관을 확신했다면, 우리는 김수근과 승효상의 건축을 보면서 어떤 판단을 내려야 하는가. 최순우는 풍부한 정취를 간직한 석굴암의 얼굴을 보고 '한국인'이라고 확신했다. 최순우가 조각에서 찾은 윤곽이 건물에도 있다면, 김수근과 승효상 건축의 어디서 이러한 경계를 찾아낼 것인가? 김수근이 부여박물관을 통해 뼈저리게 경험했듯이, 우리는 조각상과 마찬가지로 건물이 아이덴티티를 갖고 있다고 생각한다. 하지만 현대인은 하나의 아이덴티티로 규정될 수 없다. 우리가 여러 가면을 쓰듯이, 현대 건축은 한 가지 정체만을 갖고 있지 않다. 현대 건축은 동일성보다 차이를 드러내고, 역사의 전개 과정에서 변한다.

김수근과 공간, 공간 사옥, 1971-1977 (建築)

비평가로서 나는 건축가와 건물의 아이덴티티를 확인하려고 건축을 찾아 나서지 않는다. 이미 알고 있는 것을 확인하려고 글을 쓰는 것이 아니다. 독자에게 확정적인 답을 주려 하기보다는, 같음과 다름의 경계가 어떻게 만들어졌는지 보여주려고 한다. 한때 명백해 보였던 최순우와 김수근의 정체성에는 주체와 객체 간의 역사도 공간도 언어도 존재하지 않았다. 자신과 작품을 동일시했던 김수근과 달리 승효상은 그 사이에 공간을 두고 있다. 이 책에서 거론하는 대부분의 건축가가 활동하는 공간이다. 그것은 표면이자 물질이며 형태다. 확신의 세계를 포기하면서 대화와 소통의 공간이 열리지만, 편안한 장소는 아니다. 있어야 할 곳이 아닌 데에서 헤매는 공간이기도 하다. 숨기기 때문에 보이고 보여주기 때문에 숨는, 그런 공간 속에 비평의 언어가 역할을 하는 것이다.

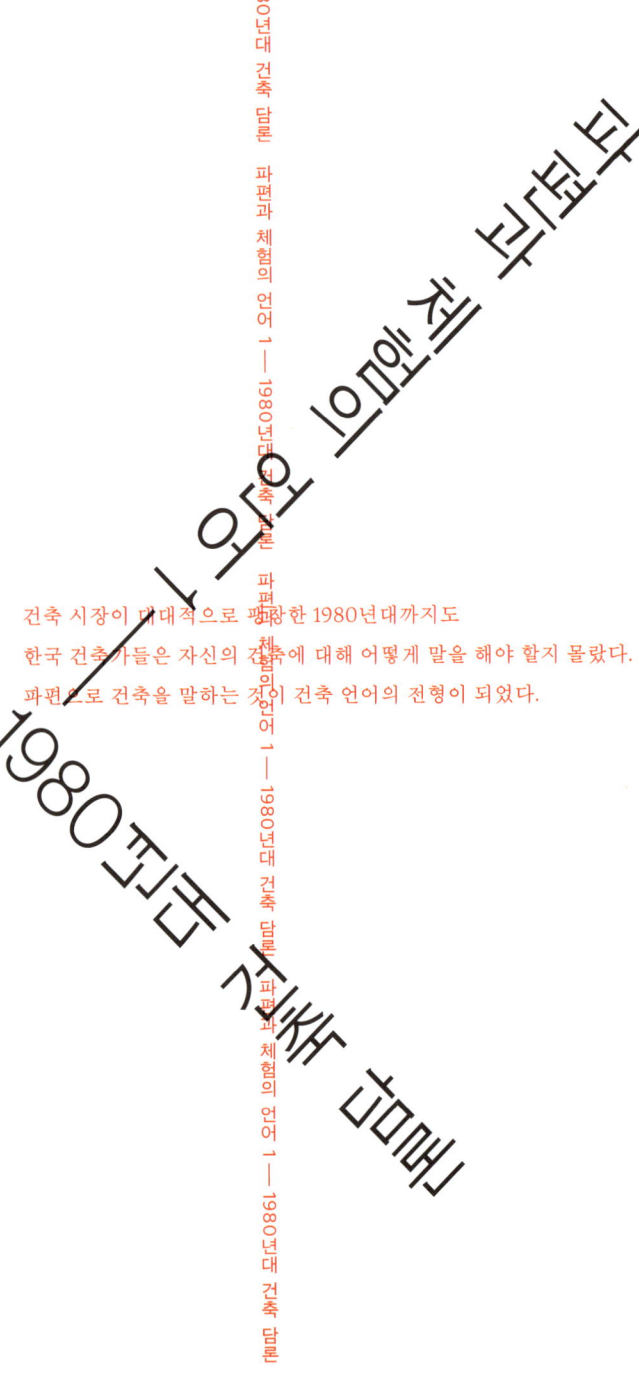

건축 시장이 대대적으로 팽창한 1980년대까지도
한국 건축가들은 자신의 건축에 대해 어떻게 말을 해야 할지 몰랐다.
파편으로 건축을 말하는 것이 건축 언어의 전형이 되었다.

건축 비평은 부족한 감수성을 서책의 이론들로 메꾼 성채
속에 안주하여 폐허의 궁성을 지키는 잡초에 불과할 것이다.
한국 건축의 질곡은 무엇이 좋은 건축인지, 건축이란
무엇인지에 대한 기초적인 질문보다 서책과 원색 잡지의
사진술에 압도당한 위성문화권의 콤플렉스에 빠져있다.
우리는 건축의 문제를 정면에서 부딪쳐 보아야 한다.

—— 김석철, 1984[16]

"폐허의 궁성을 지키는 잡초". 1980년대를 대표한 건축가 김석철이 정의한 비평이다. 한국적 포스트모더니즘의 리더로 '예술의전당', '베니스 비엔날레 한국관', '온양박물관' 등 중요한 프로젝트를 남기기도 했다. 좋은 건축은 "본능적인 앎"으로 체득된다고 말했던 그는 역설적으로 당시 글을 가장 많이 쓰는 건축가였다. "서책"을 부정했던 김석철은 왜 그리 많은 말을 남겼을까? 건축과 말의 이런 어려운 관계는 한국 건축 비평의 탄생기인 1980년대의 시대적인 조건과 함

1980년대 건축 담론

께 조망할 때 조금씩 간과되기 시작한다. 김석철이 건축가로서의 절정기였던 1980년대는 군사 독재 속에서 시장이 팽창하는 시기였다. 제5공화국은 유신 체제의 보수적인 문화 정책을 이어가는 한편 상업 자본에 기댄 소비문화를 확장시켰다. 대규모 상업 업무 시설들이 들어서기 시작했고, 아시안 게임과 올림픽을 계기로 많은 공공 프로젝트가 발주되었다. 특히 대형 공공 문화 시설들은 제5공화국의 정책에 따라 추진되었다. 당시 헌법 제8조에 "국가는 전통문화의 계승·발전과 민족문화의 창달에 노력하여야 한다"라는 국가의 문화 진흥 의무를 대한민국 헌법에 처음으로 명기하였다. 1983년에 발표한 제5차 경제 사회 발전 5개년 수정 계획에 역시 처음으로 문화 부문 계획이 포함되었다. 여기에는 문화 시설의 확충과 전통문화유산 개발이란 두 개의 큰 목표가 있었다.[17] 구체적인 건축 사업으로 '국립현대미술관', '독립기념관', '전쟁기념관', 지방의 많은 문화 시설, 그리고 김석철의 대표작으로 손꼽히는 예술의전당이 추진되었다. 이러한 문화 시설은 대부분 현상설계 과정을 통해 한국성을 표현할 것이 강요되었다.

    공공과 민간 건축의 물량이 대대적으로 팽창했던 만큼 건축에 대한 말도 많아졌다. 1966년 창간한 《공간》은 이후 10년간 유일한 건축 전문 잡지의 역할을 해왔다. 그런데 1977년 《꾸밈》, 1981년 《건축문화》의 창간을 기점으로 《건축과 환경》,《이상건축》,《플러스》,《건축인 POAR》 등이 출간되었다. 성인수가 지적했듯이 이런 건축 저널리즘의 확장은 한국 건축의 "외적, 양적 변화"와 직결되어 있었다. 양적으로 확장한 건축 담론 속에서 앞서 언급한 국가 주도의 문화 프로젝트를 중심으로 한국성과 전통이 거론되었다. 동시에 형식과 내용에 있어서 새로운 주제가 모색되었으며 건축 비평의 저변이 넓어졌다.

1980년대에 창간된 잡지 가운데 건축 담론의 변화를 주도한 것은《건축과 환경》이었다. 같은 시기《공간》은 미술 전문 편집장이 주도하면서 주로 현대 미술을 다루었으며,《꾸밈》도 건축보다는 디자인을 더 중요시한 시기였다.《건축과 환경》은 건축 비평 전문지를 표방하면서 1984년 9월에 창간했다. 주간 역할을 했던 김경수는 박길룡과 함께 1980년대 초에 '건축비평동인'이라는 모임을 이끌었고, 이런 잠재적인 필진에 기대어 새로운 건축 담론의 생산을 주도했다. 건축비평동인 이외에 건축 비평 활동을 위해 모인 집단으로 '건축평론동우회'가 있었다. 이일훈을 중심으로 한 건축평론동우회는《꾸밈》의 건축평론상 수상자들로 구성되어 있었으나 건축비평동인처럼 꾸준히 담론의 포럼을 제공해 주는 건축 잡지를 갖고 있지는 않았다.

《건축과 환경》이 창간호부터 적극적으로 추진했던 기획이 '작가와 비평'이었다. 이를 주관했던 김경수는 다음과 같이 시리즈를 소개하였다.

> 건축가 여러분께 창작의 노고 이외에 자기 비평이라는
> 새로운 짐을 부과해 드린 것으로도 볼 수 있겠습니다.
> (그러나 창작이 끊임없는 자작 비평의 토대 위에서만 가능한
> 것이라고 할 때 그러한 부담을 간단히 귀찮은 것으로만 여길
> 건축가는 없으리라고 믿고 있습니다.)[18]

'작가와 비평'은 기획의 제목이 바뀌기도 했지만, 2년 정도 지속되었다. 여기에 참여했던 건축가와 사무실로 원도시, 정림, 황일인, 삼정(김기웅), 김영수, 종합건축, 정시춘, 김원, 엄이, 조성렬, 김기석, 김중업, 강건희 등이 있었다. 그러나 이들 가운데 '작가와 비평'의 기획 의도에 따라 자신의 건축론을 펼친 건축가는 거의 없었다. 창간호의 '작가'로 선정되었던 원도시는 「건축에 대한 변명」이라는 짧은 글에서 스스로 "어떤 부류의 건축 집단으로 불린다거나 표방하는 건축 철학이나 주의, 주장을 채근당할 때마다 당혹스러움을 금하기 어렵다"라는 말로 시작하여 원도시의 건축이 "어떤 일관하는 방법론에 의해서 진행되고 제작되었다라고 얘기하기보다는 주어진 요구들, 입지 그리고 당시의 감수성 등이 복합적으로 묶이어" 나타난 것이라고 설명했다. 건축가로서 "주어진 상황을 최선의 결과로 유도하려는 태도를 지켜왔다"라

는 중성적이고 소극적인 입장이었다.[19] 원도시, 정림, 종합과 같은 조직형 사무실은 짧은 원고에 집필자가 누구인지도 명기하지 않았고, 작가 자신의 건축론 칼럼이 없는 경우도 많았다.

《건축과 환경》의 '작가와 비평'이 보여주듯이 건축가들은 '자기 비평'에 익숙지 않았으며 제공된 새로운 기회에 적극적이지 않았다. 담론에 대한 건축가들의 거부 반응은 조직형 건축 사무실에 국한된 것도 아니었으며, 1980년대 이전부터의 양상이었다. 1960년대에서 1980년대 초반까지 작가 정신으로 한국 건축을 주도했던 김수근과 김중업도 건축론을 적극적으로 펼치지 않았다. 김중업의 경우 자신의 건축론을 피력한 글이 거의 공표되지 않았다고 할 수 있다. 김수근은 잡문을 많이 생산하였으나 자신의 건축을 설명하는 것, 글을 쓰는 것 자체를 어색해하고 어려워했다. 김수근의 건축론을 여기서 논할 수 있는 상황은 아니다. 하지만 김수근이 휘말렸던 부여박물관의 왜색 논쟁 사건은 한국에서 건축에 대해 말하는 것이 얼마나 어려운 일인지 극적으로 보여주는 1960년대 후반의 단면이다. 김수근이 설계한 부여박물관의 입구, 즉 건축의 한 부분이 일본 도리이와 닮았다고 왜색이라는 비난을 받으면서 논쟁이 촉발되었다. 논란은 박물관 입구에서 본 건물의 지붕과 구조까지 확장되어 갔다. 이에 김수근은 건물 부재가 "구족(개다리소반)"과 닮았기에 한국적

김수근과 '공간', 부여박물관, 1967

이라고 변호했으나, 더 곤혹스러운 상황에 빠졌다. 논쟁이 진행되면서 김수근은 점점 말의 미궁에 스스로 빠져들었다. 결국 자신의 "건물 자체가 표현이므로 이를 말로 표현하는 건 한갓 사족에 불과하다"라고 주장하면서 건축에 대한 말을 부정하기에 이른다.[20] 부여박물관 사건은 건축에 대해 말을 하는 가장 전형적인 형식을 선보였다. 건물의 한 부분을 떼어내, 다시 말해, 하나의 '파편'을 두고, 거기에 언어적인 통념을 대응시키는 것이다.

1960년대 후반, 이러한 파편의 언어가 한국 건축을 지배했던 가장 악명 높았던 사건은 '국립박물관' 현상설계였다. 1966년 1월 8일 문화재 관리국이 국립박물관 현상설계 공고문을 다음과 같이 발표하였다.

> 유구한 역사를 이룬 전통적 유형 내지 무형 문화의 발전상을 시대적 유물로서 보존함과 동시에 나아가 새로운 우리나라 고유 양식의 창의를 발휘하여 이를 후세에까지 전할 수 있는 문화의 전당을 건립함에 있어 그 최선의 안을 택하고자 다음 요령에 의한 설계안을 공모한다.[21]

문화재 관리국은 응모자 신청과 함께 설계 조건의 유의서에 "건물 그 자체가 어떤 문화재의 외형을 모방한 것으로써 콤포지숀 및 질감이 그대로 나타나게 할 것이며, 여러 동

강봉진과 국보건축, 국립박물관, 1972

강봉진과 국보건축, 국립박물관 현상설계 당선안 입면, 1966

파편과 체험의 언어 1

의 조화된 문화재 건축을 모방해도 좋음"이라고 명기한 문건을 교부했다. 강봉진이 이러한 설계 지침에 따라 수덕사 대웅전, 법주사 팔상전 등을 조합한 안으로 당선되었다. 국립박물관 현상설계 지침과 부여박물관 논쟁은 현장과 분리된 건물 한 동의 이미지, 지붕의 모양, 구조의 받침 부위 등 한국의 옛 건축을 단편과 조각으로 이야기했다는 측면에서 모두 파편의 언어 구조를 사용했다. 1960년대 드러나기 시작한 파편의 언어는 전통과 한국성을 내세운 1980년대의 문화 프로젝트로 이어졌다. "굵직한 국가적, 공공 단체적 프로젝트에는 꼭 또는 필연적으로 전통이라는 이 형상 없는 추상적인 개념이 악령처럼 건축가들에게 붙어 왔다"라는 이범재의 말은 전통이 강요되었던 1980년대 상황을 잘 말해준다. 이범재의 불만이 충분히 이해가 되지만 전통이 "형상 없는 추상적인 개념"은 아니었다. 당시의 전통은 대단히 구체적인 건물의 한 파편이었다. 《건축과 환경》의 '작가와 비평' 시리즈에서 보듯이 한국의 대표적인 건축가들은 자신의 건축에 대해서 어떻게 이야기해야 할지 몰랐다. 이러한 상황에서 한국 건축에 관한 담론의 한 전형이 파편의 언어로 자리 잡은 것이다.

    1980년대 파편의 건축과 파편의 언어를 극명하게 보여준 프로젝트는 독립기념관이다. 1983년 5월 10일 독립기념관 건립추진위원회에서 발표한 현상공모문은 "우리의 전통 조형 의식에 바탕을 두고 현대 기능에 적응되는 한국적 조형을 발현하여 그 공감대를 구현하고 민족적 일체감을 느낄 수 있는 창조물"이 되어야 한다고 기술하고 있다. 국립박물관만큼 노골적이지는 않았지만 독립기념관의 현상공모 지침에는 한국적 건축이란 항목을 설정하여 경사로, 계단, 옹벽, 수구, 노단식 테라스 등이 구체적으로 나열되었다. 당선안의 건축가 김기웅은 독립기념관이 20년 전 파문을 일으켰던 국립박물관의 후예임을 명확하게 인식하고 있었다. 경사벽, 성곽, 팔작지붕 등 전통이 제시해 주는 무궁무진하게 많은 요소를 "인용"하고 이러한 "엘리먼트의 구사"를 통해 자신의 건축을 설명하는 데 주저하지 않았다.[22] 독립기념관의 설계가 확정되고 건물을 짓는 과정에서도 그에 대한 담론 역시 파편을 중심으로 진행되었다. 특히 대중적인 담론에서는 독립기념관 지붕이 천안문보다 높다는 사실이 가장 중요한 스토리로 반복되었다. 이 한국적인 지붕이 작가 개인의 결정이 아니라 국민의 뜻에 따라 결정되었다는 이야기가 매체를 지배하고 있었다.

독립기념관의 중심 건물인 기념관은 지붕만 3천여 평에 달하리만큼 웅대한데 연건평이 서울 동대문 운동장 축구장의 두 배 정도이며 높이가 45미터로 중국 북경의 천안문을 앞선 세계 최대 규모라고 한다. 특히 지붕과 추녀의 굴곡은 수차례의 시행착오 끝에 곡을 준 국민의 화합과 중지의 결정이었고 공사 때 로프와 아이젠까지 착용하면서 공사를 진행하였다는 관계자의 설명이다.[23]

"동양 최대의 기와지붕, 천안문보다 높아야 된다, 요는 그런 '말'을 위한 건축이 돼버리는 것"이라는 김원의 불만이 보여주듯이, 지붕이라는 건물의 한 파편은 언어의 자료를 제공해 주었다. 이에 김기웅은 설계 지침이 "한국적인 이미지"를 요구하고 있고 "대중"도 같은 것을 원하기 때문에, 그 요구를 받아들이되 그것을 "어떻게 소화해서 표현할 것인가는 작가에 따른 문제"라고 주장하였다. "대중들이 기와지붕이어야 한다고 하는 데에는 건축을 에피소드의 조형물로 여기고 있고 거기에 스토리를 담으려는 수준에 있기 때문"이라는 당시 김광현의 반박에서 보이듯 전통의 파편은 건축에 언어를 접목하는 가장 쉬운 방편이었다.[24]

국가 권위와 대중성에 야합하여 "말을 위한 건축"을 만들었다는 비판을 받은 김기웅은 자신의 작업을 변호하는 건축론을 제시했다. 전통 건축을 단지 파편으로 모사한 강봉진의 작업과는 달리 독립기념관에서는 "건축의 duality, juxtaposition, variety, layer, ambiguity"[25] 등 작가적인 방법론을 실현했다고 주장하였다. 로버트 벤투리를 언급하면서, 이질적인 요소의 병치를 통하여 포스트모더니즘의 "건축 형태의 복합과 모순"이 나타날 수 있다고 역설했다. 이러한 면에서 김경수는 김기웅의 태도가 국립박물관 이래 "위축되어 온 건축 조형의 전통에 대한 기피 자세에 비하면 훨씬 건강하다"라고 보고 건축 언어를 만들어가는 그의 "방법론적인" 태도를 높이 평가했다. 김경수는 김기웅의 병치 수법이 "서로 대조되는 것들을 날카롭게 부각시킴으로써 새로운 경험, 내지는 의미를 줄 수 있다"라고 생각했다.[26] 하지만 그 새로운 경험이 무엇인지, 그 경험의 의미가 무엇인지는 분명히 하지 않았다.

    김기웅과 김경수의 입장은 1980년대 초반 국내에 본격적으로 소개된 포스트모더니즘의 맥락에서 이해할 수 있다. 비평의 부재를 개탄하면서 《건축과 환경》 '작가와 비평'을 기획한 김경수가 언어와 소통의 문제를 핵심에 두었던 포스트모더니즘에 관심을 가진 것은 충분히 이해할 수 있다. 김경수는 건축에 대한 말이 파편에 기대는 것이 아니라 체계적인 공간과 형태의 언어와 긴밀하게 공존하기를 갈구했다. 하지만 김석철이 비평을 "폐허의 궁성을 지키는 잡초에 불과"하다고 했듯이, 그리고 '작가와 비평' 시리즈에서 보았듯이, 김경수의 기대와 달리 건축가들은 건축의 언어에 대한 인식이 없거나 이를 부정하였다. 김경수가 한국 건축가 중에서 가장 높이 평가한 김석철도 언어의 역할을 폄하했다. 김석철은 건축을 직접 체험해야 할 사건, "사건의 배치"라고 믿었다.

파편과 체험의 언어 1

대낮의 거리를 간다. 덥다. 나흘 전까지 눈발 속을 다니다가 문득 대낮 정오 해변의 햇살을 받는다. 청정한 태양의 세례 속을 걷는다. 전신이 나른해 오는 만복감을 체험한다.[27]

1979년 2월 21일 리야드에서 쓴 여행 일기에서 볼 수 있듯이, 건축은 여러 가지 많은 사건과 함께 원초적 체험의 대상이다. 체험이 근본이고 언어는 이런 체험을 묘사하는 도구일 뿐이다. 건물이든, 자연이든, 거리서 마주친 익명의 산책자든 김석철의 언어는 자신의 체험을 전달하는 장치였다.

1980년대 글쓰기를 막 시작한 젊은 비평가, 학자와 건축가는 비평을 "잡초"라 여긴 김석철의 생각에 대부분 동의하지 않았을 것이다. 하지만 건축의 문제를 "정면에서 부딪쳐 보아야 한다"라는 생각은 공유하고 있었다. 한국 전통 건축에 대한 이해를 넓히는 데 지대한 영향을 미친 '한샘 건축 기행'이 김석철의 주도하에 이루어지고 젊은 건축가와 학도의 호응을 얻은 것도 이러한 맥락에서 이해할 수 있다. 1980년대 당시 소장 학자로 한국 건축에 대한 답사 책자를 펴냈던 김봉렬도 "건축사학의 연구에 선행되어야 할 작업이 실물 답사"라고 주장했다. 김봉렬의 『한국의 건축』은 1984년 '한국 전통 건축의 체험'이란 제목으로 《공간》에서 연재한 글을 엮은 책이다.[28] 이런 그의 생각은 1990년대까지 이어진다.

1980년대 건축 담론

한국 건축을 많이 봐야 된다는 것은 한국적인 것을 의식적으로든 무의식적으로든 기억되게 해야 한다는 것이죠. 이런 것들을 은연중에 자신도 모르게 그려낼 수 있을 정도로 봐야 한다는 것입니다. 많이 봐야만 그려낼 수 있는 것입니다. 본 것이 없는 상태에서는 아무것도 그려낼 수 없는 것입니다. 또 느껴야 합니다. 사진으로는 한계가 있습니다. 한국 건축의 집합성을 사진으로 찍어낼 수는 없을 것입니다. 현장에 가서 터가 주는, 건축이 주는, 건축의 집합이 주는 기운을 느껴야 합니다.[29]

현장의 체험이 중요하고 현장을 체험한 개인의 감동이 중요하다는 주장이다. 문제는 이 직접적인 건축 체험의 언어가 넓은 건축 담론의 커뮤니티를 형성하기는 어렵다는 것이다. 체험은 개인에 한정된 것이다. 1980년대 전통 건축의 파편을 이용하여 현대 건축의 체계적인 언어를 만든다는 것은 어려웠지만, 국가 권위와 대중성에 기대어 건축의 의미와 소통이 거론되었다. 체험의 언어는 그것이 솔직한 표현이든 아니든 역시 규율에 근거하여 형성되는 것이 아니기 때문에, 한 사람의 체험을 다른 사람과 공유할 수 있다는 보장이 없다. 김석철처럼 언어가 원초적인 체험과 맞닿을 수 없다고 생각한다면 언어의 역할에 대해 부정적일 수밖에 없다. 체험의 중요성은 1990년대 건축 담론에서도 이어졌다. 한국이 열린 사회가 되면서 건축에 대해 발언하려는 건축계 군집들도 탄생한다. 체험, 파편, 언어의 관계가 변하면서 한국 건축 담론의 새로운 지평이 열리기 시작하였다.

민현식 콘트라 유걸   파편과 체험의 언어 2

파편과 체험의 언어 2 ─ 민현식 콘트라 유걸

건축이 건축이기 위해서는 말이 함께해야 한다.
체험과 언어가 공존할 때, 이 시대에 절실한 사유와 애정이 가능한 것이다.

개인을 계몽하기보다는, 내가 좋아하니까 남들도 좋아할
것이라는 생각에서 만드는 것이다. 사람들의 본성에 근원적인
공통점이 있다고 보기 때문이지 재미로 할 수 있는 것은
아니지 않은가.

—— 유걸, 2005[30]

어쩔 수 없이 우리의 공부, 지식 습득의 대부분은 책text에
의존할 수밖에 없다. (…) 그 권위가 일반인뿐 아니라 소위
전문가를 자처하는 일부 지식인들조차 해석interpretation을
실체보다 더 관심 있어 하고 그것이 체험을 대행해 주리라고
믿는다. 우리가 모르는 사이 책은 실체보다 더 큰 권위를
얻게 되고 '그 책이 서술하고 있는 듯이 보이는 현실'도
창조할 수 있다고까지 믿어버린다. 그것은 인식의 혁명적
전환이 있기 전까지 진리로 행세하게 될 터이다.

—— 민현식, 1994[31]

1990년대 열린 사회로 진입하면서 새로운 자유가 한국 사회 모든 방면에 발산되었다. 건축계도 물론 예외가 아니었다. 건축의 허가와 심의 제도, 설계 사무소의 노동 조건, 대학 교육 등 건축계 전반에 대한 쇄신 운동이 진행되었다. 긴 독재 시기에 막혀있던 정보와 통제되던 교류도 풀리기 시작했다. 해외여행이 자유로워졌고 잡지와 책을 통해 해외 정보가 바로 전달되었다. 조직형 사무실이나 김중업·김수근 같은 거장 수하에서 훈련받던 건축가들이 독립하여 자신의 창작 세계를 펴고자 했다. 1980년대에 해외 유학을 떠난 젊은 건축가들과 학자들이 귀국하여 활동을 시작했다. 다변화된 시대와 함께 건축 담론에 대한 갈망도 깊어졌다. 젊은 건축가들은 자신의 작업을 어떻게든 말로 표현하고자 했다. 1980년대 《건축과 환경》의 김경수 주간이 문법과 규칙이 건축 언어의 기반이라고 주장했다면, 1990년대에는 건축가의 주체 의식이 강하게 요구되었다. "1960년대의 거장들은 '공간'과 '표현'을 무기로 모더니즘을 구현했지만 그들에게 진정한 의미의 '건축 이론'이란 없었다. 이론이란 조형이나 공간 구성에서 출발하는 것이 아니라 작가의 세계관에서 출발한다." 이러한 김봉렬의 주장에서 보이듯 건축 담론은 주체에서 발로되는 것으로 보았다.

유걸과 민현식은 강한 작가 의식으로 1990년대 독립적으로 활동을 시작한 대표적인 한국의 건축가들이다. 기숙사,

학교, 공장, 교회 등 규율적인 조직 속에 공공 공간과 사적 공간이 공존하는 프로젝트들을 다루며 열린 사회와 민주적인 건축에 대한 열망을 공유하였다. 하지만 이들의 건축은 아주 달랐다. 유걸의 건축은 대형 내부 공간에 과장된 구조가 부각되는 조형성이 특징이다. 대중적으로 잘 알려진 '서울시청', 일산·대전·인천의 대형 교회, 그리고 송도 '트라이보울' 등 스펙터클 건축이 대표작의 주류를 이룬다. 당대 그 대척점에 민현식의 건축이 있다고 볼 수 있다. 유걸은 입체가 우선하고 건축의 요소에 대한 인식이 없다시피 했다면, 민현식은 정연한 평면 논리가 존재하며 건축의 요소에 대해서도 치밀하다. 민현식 콘트라contra 유걸, 이들은 적대적인 목표를 갖고 대결하는 것이 아니라 함께 열망한 열린 사회의 공간을 다른 방식으로 제안하였다. 민현식과 유걸의 건축이 달랐던 만큼, 그에 대한 말도 달랐다.

1990년대 민현식의 발언은 함께했던 4·3그룹의 맥락에서 이해할 수 있다. 자유로워진 풍토에서 4·3그룹은 언어와 단편을 새롭게 건축 담론 안으로 끌어들였다. 제5공화국의 기념비적인 문화 시설과 달리 4·3그룹의 단편들은 전통 건축의 직설적인 파편에 한정되어 있지 않았다. 늘어난 정보량을 반영하며 서양과 동양, 옛날과 지금, 그림, 조각, 사진을 망라한 다양한 대상들이 참조체로 등장했다. 이런 단편들은 건축에 직설적으로 사용된 것이 아니라 작업을 설명하기 위해

유걸과 아이아크, 트라이보울, 2010

파편과 체험의 언어 2

민현식 콘트라 유걸

파편과 체험의 언어 2

민현식과 기오헌, 파주출판도시 인포룸2, 2013

민현식 콘트라 유걸

4·3그룹, 『이 시대 우리의 건축』 표지와 민현식 편 내지, 1992

도시와 하늘 3

태양빛을 정면에서 사람들은 이 도시에서 발길이 멈출 것이 없었음니다. 남반지 않은 나이로 가렸거나, 비계, 철재 도갑게, 빗줄에 대답에 있거나 발팽이에 지지된 폭색 가설틀로, 사다리, 버팀대 들이 모일 이룬들입니다. "계폭하 공사는 왜 이더니 오래 계속 되는 것이요?"하고 묻으면, 주민들은 무대자무를 들이 보내고, 균문들을 줄을 따꾸기도, 하고, 이아래로 손질을 해치면서 이렇게 대답합니다. "그건 피우기 시작되지 않게 하기 위해서에요." 또한 바게가 흙거저는 즉시 도시는 낮비어 문제되어 흐자 나버리지 않으냐고 물으면, 그들은 낮은 목소리로 허들지들 속삭입니다. "도시 펜터는 이날에요."

만일 이런 대답에 만족하지 못하는 누군가가 듯듯이 등 사이로 들여다 보면, 그는 기둥기들 들어 올리는 다른 기둥기, 다른 비계들 받치고 있는 비계, 다른 보를 지지하고 있는 보를 볼 수 있을 것입니다. 그리고 묻습니다. "당신네들의 공사는 무슨 의미가 있소? 하나의 도시로서의 완성이, 건설중의 도시의 목표가 아니겠소? 당신들이 만들려는 도시의 도면을 보일 수 없소?" "날이 저물이 열이 문 나는 대로 보이드리지요. 지금은 일을 중단키 어려우니라."

황혼녘에 일이 멈치려 합니다. 건설편장에 이두들이 돼어오고, 하늘은 발별으로 기록히게 됩니다. 그제서 이륵고 그들이 말합니다.

"저, 저것이 우리의 도면이요."

우리가 줄이 되어 만나기전 / 개분 이는 컴퓨이들 즐어버리지 않으며 /
우리가 키 큰 나무와 함께 서서 / 무료로 무르뜨 비어는 소리를 흐튼다면 /

초호르고 흘러서 저물녘에 / 저츠가 잡아지는 감동에 누워 /
작은 나무부리를 적시기도 한다면, / 더이, 아직 歲소잎 /
부스러진 바다에 달러다건 /

그러나 지금 우리는 / 돌로 만나야 한다 /
별이 숱이 한 해 하나이 / 세상에 돌아난 것들을 바다보고 있느느 /

高聲 해워서기다리는 그곳의 /이 몸 지난 뒤에 / 초소로 돌은 만나야 /
우리니 무시서 들어지 소리로 달러면서 / 등 매는 人間 그리 / 넓고 재연한 하늘 온 오지 /

언어 2

제시되었다. 이전의 건축 출판물은 대부분 작품 사진, 완성된 건물의 도면, 그리고 작품에 대한 변으로 구성되었다. 반면 4·3그룹 전시회 카탈로그는 건축 작업과 관련한 다양한 참조체들이 발췌되어 있었다. 민현식은 자신의 작품에 "적용된 원칙, 이미지, 수집된 논의, 표제" 등을 도록에 나열하였다. 장소로는 소쇄원·부석사·독락당·베네치아, 현대 건축과 미술 분야에서는 루이스 칸·루이스 바라간·크리스토, 문필가로는 이탈로 칼비노·C. H. 와딩턴·존 버거·마이클 베네딕트 등을 인용하여 동서고금을 망라한 표제, 인물, 작품을 선정했다. 산만한 단편을 통해 자신의 건축을 보고, 자신의 건축을 통해 과거 단편을 다시 독해하였다.

산재한 단편에서 민현식이 가장 많이 이야기한 요소는 마당과 벽이었다. 1990년대 중반까지는 벽의 언어가 중요했다. 벽에 대한 관심은 영국 AA 스쿨에서 뒤늦게 유학을 하며 형성되었다. 민현식은 AA 스쿨 진 실렛 교수의 스튜디오를 통해 벽과 빛의 관계에 대해 생각하기 시작했다고 한다. 귀국 후 4·3그룹 활동을 하며 벽은 그의 담론 중심에 자리 잡는다. 민현식의 벽은 책을 통한 간접적인 지식의 대상이 아니라 체험의 대상이며 정신의 구현이다. "멕시코가 벽에 있다"라는 리카르도 레고레타의 글을 인용하면서, "강렬한 태양 아래 힘차게 서있는 거친 벽에서 우리는 인간 삶의 보편성을 뚜렷이 읽을 수 있다"라고 말했다.

민현식에게 벽의 언어가 정점에 달한 것은 승효상과 함께 "침묵의 벽"을 화두로 던진 1990년대 초반이다. 내력벽과 가벽의 구분 없이, 평행하기도 하고, 겹치기도 어긋나기도 하는 벽체를 배열하여 건물의 조형, 공간, 쓰임, 풍경을 조정하는 방법론이 1980년대 말에서 1990년대 중반까지 한국 건축계를 풍미했다. 이 시기 민현식의 대표작 '신도리코 아산 기숙사'와 '신도리코 아산 공장 본부'에서 벽은 중요한 역할을 한다. 긴 벽이 척추가 되어 주변의 풍경으로 연장되고 내부 공간을 지배한다. 마당과 벽이 담지한 사회적 가치를 타진하고 있었던 것이다. 커뮤니티가 공유하는 설득력 있는 이야기를 신화라고 한다면, 공동체와 알레고리는 민현식이 갈구했던 이념의 쌍두마차였다. 학교, 사무실, 공장, 기숙사 등 현대 사회의 규율을 전제하는 시설에서 민현식은 공동체의 알레고리를 펼쳤다. 엄격한 조직 사회에서 개인의 건축적인 체험을 다음과 같이 감성적으로 묘사하였다.

> 일터에서 피곤한 몸으로 휴식처로 돌아오는 사람들은 계절에 따라 변하는 들판의 풍경과 하루 특별한 시간대가 만드는 특별한 순간에 문득 이 집을 만나게 되는 것이다. 따라서 이 집의 가장 두드러진 의도는 이러한 심신 상태에서 주변 환경의 아름다움을 더욱 강하게 느끼게 하는 감각의 틀을 만드는 것이다. 그것이 이곳에 벽으로 실현된다.[32]

파편과 체험의 언어 2

민현식과 기오헌, 신도리코 아산 기숙사, 1991

민현식 콘트라 유걸

벽의 담론에 비평가와 역사가도 동참했다. 건축 역사가 전봉희는 민현식의 작업을 "벽의 건축"이라고 부르며 신도리코 본사의 벽이 향토적 풍경과 현대적 풍경 사이의 경계선을 형성한다고 주장했다. "민현식에게 벽은 고향의 능선이 가지는 수평적인 선의 재현으로 보인다. 여기서 벽은 첩첩한 산의 능선이 그러하듯 삶을 보호하는 것이면서 동시에 언제나 삶을 탈출하는 구실을 제공한다."[33] 벽을 고향의 능선으로 보는 전봉희의 해석에서 역시 벽은 은유의 대상으로 작동하고 있다.

민현식에 대한 작가론을 쓴 이종건도 벽을 독립체로 보았다. 이종건 역시 민현식의 작업을 "벽의 건축"으로 정의하면서 벽의 보편적 속성을 논하였다. 벽의 은유적 속성을 전제하면서도 그것이 에워싸는 세상에 대한 해석에서는 전봉희에 반대한다. 민현식의 벽은 현대의 "물질주의, 향락주의, 쾌락주의, 감각주의에 맞서는 실천의 한 방식"이다. "세기말의 시끄럽고 공허한 삶의 조건 앞에 민현식은 무언의 벽을 세운다. 벽은 그에게 무엇보다도 침묵이다." 건축가의 침묵은 개인이 각자의 정신세계로 회귀하는 모더니즘이며 이에 따라 "민현식의 건축은 자폐적"이라고 결론을 내린다.[34] "자폐적이다." 김경수를 포함해 당시 건축계가 민현식과 4·3그룹의 작업을 두고 흔히 쓴 표현이다. 건축이 자폐적이란 무슨 뜻인가? 소통이 되지 않는다는 뜻인가? "침묵의 벽"은 말을 막는 것이 아니라 건축의 언어를 생산하는 기제였다. 이종건도 민현식의 벽을 "공간적, 조형적, 상징적 언어"라고 규정했듯이[35] 벽은 공동체라는 알레고리를 만드는 구심점이 되었다.

민현식에 반해, 유걸은 일체의 알레고리를 거부했다. 유걸은 4·3그룹보다 한 세대 선배였지만 20여 년의 미국 생활로 한국과 멀어진 상태였다. 1990년대 초 아직은 이방인의 입장에서 한국 건축을 논하기 시작했다. 한국의 "창작 예술이 너무 관념적"이라는 그의 발언은 당시 4·3그룹을 겨냥했다고 볼 수 있다. 관념적이라는 것은 한국성, 전통, 유산에 대해 부질없이 집착한다는 뜻이다.

> 많은 경우 우리의 유산에 대한 평가는 우리의 바람이고 실재하지 않는 허상이다. 우리의 과거에 대한 애정은 [코마] 상태에 있는 부모나 친지를 차마 보내지 못하여 죽어가는 본인의 뜻에도 반하여 생명을 연장시키면서 이분은 살아 나가실 것이고 또 훌륭한 일을 하실 거라고 희망적인 생각을 갖고 말하며 또 그 밖의 일은 입 밖에 내지도 못하는 경우와 유사한 모양이다.[36]

죽은 과거에 매달리지 말라는 주문은 파격적이었다. 이처럼 유걸은 건축에 대한 일체의 의미와 수사학을 거부하였

민현식과 기오헌, 국립국악고등학교, 1988

유걸과 아이아크, 계산교회, 2007

언어 2

다. 1993년 자신의 건축에 실용성 외에 어떠한 가치가 있는지, "작품의 저변에 깔려있는 무의식의 문화적 바탕"과 연관시켜 이야기해 달라는 요청에 "실용적 가치가 전부"라고 대답했다. "허구를 떠나 사실을 파악하고, 옳고 그른 것의 판별을 통하여 일을 하여야 하겠고, 우리의 관심은 과거로부터 미래로 돌려져야 한다. 형식과 외모가 아니라 실한 내용을 만들어야 한다."

"열린 건축"을 줄기차게 주장해 왔던 유걸은 "제약이 없는 열려있는 사회, 모두에게 열려있는 공간"을 만드는 것이 그의 꿈이라고 이야기했다. 유걸의 열린 공간은 언어의 건축적인 대상을 설정하지 않는 것처럼 보이지만 여기에도 부분과 전체, 객관과 주관의 논리가 존재하고 있다.

> 건축의 객관적인 요소를 논함에 있어서 나는 어떤 사람과도 편견 없는 의사소통을 할 수 있다고 생각되기도 한다. 그리고 그렇게 하려고 노력한다. 하지만 그 객관성을 건축화하는 것은 나의 일을 할 때에는 나에게 주어진 고유한 책임이고 또 권리인 부분이라고 생각한다. 이것은 나의 고유한 미학이고 또 나의 고유의 조형 의지인 것이다.[37]

유걸은 이렇게 건축이 객관과 주관의 세계로 나뉘어 구성된다고 생각하였다. 2005년에 유걸의 아이아크 사무실이

순회 전시회를 열었다. 제목은 '5W5P', 그러니까 다섯 주(5 Weeks) 동안, 다섯 장소(5 Places)에서 순회전을 갖는다는 뜻이었다. 전시회는 건축에 사용된 객관적 수치로만 구성되었다. 프로젝트에 소요되었던 인력, 시간, 비용, 그리고 건물을 짓는 데 들어간 자재 무게와 일정 등의 데이터만을 보여주었다.[38] 모든 가치, 규범, 서사를 배제한, 일체의 수사학을 허용하지 않겠다는 기획이었다. 객관적인 데이터가 "편견 없는 의사소통"의 방편이라면 그의 건축은 그 객관성을 자신만의 "고유한 미학"으로 조형한 것이다.

여기서 중요한 질문이 제기된다. 개인의 형태 의지가 어떻게 공공 영역으로 수렴할 수 있을까? 열린 공간은 객관적 현실에 기반을 두더라도 개인의 의지로 건축이 발현된다면, 사회적 공감대가 만들어질 수 있는 걸까? 서울시청과 트라이보울 등 유걸의 가장 공공적인 프로젝트들이 이런 질문의 시험대에 오른다. 서두에서 봤듯이 유걸은 "내가 좋아하니까 남들도 좋아할 것"이라고 답한다. 건축은 단지 "재미"가 아니라 "사람들의 본성에 근원적인 공통점이 있다"라는 믿음을 갖고 한다는 것이다. 유걸의 이런 믿음은 바로 서양 미학의 전제다. 종교가 사회 통합의 힘을 잃고 과학과 기술이 그 역할을 대신할 수 없다면 현대 사회의 다양한 구성원을 공동체로 묶을 수 있는 것이 무엇인가? 의지할 것은 오직 인간의 감성이라는 것이 근대 미학의 입장이었다.

파편과 체험의 언어 2

유걸은 인간의 감성에 기대는 서양 미학에 희망을 품고 있었다. 한국 건축에서 이례적인 일은 아니다. 김경수도 건축 언어를 구성하는 분명한 조건으로 "실천적 이성과 미적 판단력"을 들었다. 건축의 기술적 요소들은 객관적 언어의 대상이며 개인의 조형 의지로 그것을 엮어 건축이 된다는 생각은 1980년대 김기웅의 독립기념관에서도 볼 수 있다. 김기웅은 조형 의지가 인간의 본성이기 때문에, 궁극적으로 공공과 대중이 함께 공감할 수 있다고 생각했다. 유걸의 조형 의지가 기대는 객관적 요소들은 건물의 기술적·기능적 요소라면, 김기웅에게는 역사가 제공하는 전통 요소들이 조형의 밑거름이다. 김기웅과 유걸에게 건축 언어는 이러한 객관적 요소에 국한되었다는 점에 주목하자. "엘리먼트를 구사"하는 김기웅, "객관성을 건축화하는 (…) 고유의 조형 의지"로 설계하는 유걸에게 창작 과정은 무언의 미학적 체험을 사회와 공유하는 것이다. "내가 좋아하니까 남들도 좋아할 것". 그렇다면 건축의 체험에 대한 말이 필요 없다. 유걸과 김기웅은 자신의 조형 의지를 대중이 느낄 수 있도록 전면에 내세운다. 김기웅은 전통 건축의 파편을 과감하게 드러내 보였고, 유걸은 건축 구조의 형태를 강렬하게 보여준다. 여기서는 모두 말이 필요 없다.

유걸은 자신의 건축과 언어 사이에 갈등이 없다고 믿는다. 그의 강렬한 조형이 별다른 의미가 없다는 논리를 맞추기 위함이다. 이를 본 김광수는 유걸이 "실용주의와 그에 반하는 조형 의식 사이 또한 편하게 오간다"라고 평했다. "그에게 건축 구조는 실용주의와 조형 의식 사이, 상식과 꿈 사이의 피난처이자 서로 간의 구실이라고. 이러한 면에서 그 관계는 모순이기도 하다. 하지만 커다란 갈등은 없다." 갈등의 부재는 유걸의 직설적인 말을 낳고, 이런 말은 직설적인 반응을 불러온다. 건축가 조병수는 그를 한국 건축의 조지 W. 부시라고 평한 적이 있고, 이종건은 그의 "기본적인 [인문학적] 소양마저 의심"하면서 "기술인"이라고 불렀다. 사회이론가 조명래는 "공공 공간"에 대한 이해가 결여된 건축가라고 비판하기도 했다.[39] 재밌는 것은 건축가의 지성과 윤리에 대한 부정적인 평가에 뒤이어 건물에 대해서는 우호적인 평가가 뒤따른다는 점이다. 이종건은 유걸의 말을 혹독하게 비판하고 나서는 "그의 작품이 그의 언설에 비해 말할 수 없이 아름답지 않은가"라고 탄성을 한다.[40] 민현식에서 보듯이 말과 건축의 괴리는 유걸의 경우에도 문제다. 거친 파편을 이용하는 유걸은 건축이 아니라 언어의 문제로 기술인이라는 낙인을 감수해야 했다.

객관적 실용주의와 주관적 조형 의식 사이에 갈등이 없을 수 있을까? 2000년대 초반 아이아크가 설계한 이건창호 공장과 서울시청사의 담론을 보자. 이건창호가 완성된 후 건축주는 "공장 쪽은 아주 쾌적한 환경에 일관된 라인으로 설계되어 이전보다 훨씬 생산성도 높아져서 모두 만족스러워 합니다"라고 말했다. 반면 사무동은 조명, 환기, 음향, 프라이버시에서 많은 문제점을 갖고 있어 "마치 역 대합실에서 일하는 기분"이라는 것이다.[41] 이건창호라는 최고의 건축주가 사무실이 기차역과 같아 싫다고 했다. 유걸의 작업 가운데 건축가 뜻과 사용자 반응 사이의 괴리가 가장 극적인 프로젝트는 서울시청이다. 서울시청은 줄기차게 한국 최악의 건축으로 비난을 면치 못하고 있다. 이에 대해 건축가는 "어떤 디자인이든 좋아하는 사람이 반, 싫어하는 사람이 반"으로 대응했다.[42] "내가 좋아하니까 남들도 좋아할 것"이라는 미학의 희망을 포기하고 타인의 호불호에 개의치 않겠다는 입장으로 전환한 것이다. 이건창호와 서울시청의 사용자들은 "건축가의 전체적인 개념", 그의 주관에 동의하지 않았다. 유걸에게는 주관과 객관 사이에 갈등이 없을지 모른다. 하지만 그가 의식하든 안 하든, 건축, 기술, 말 사이에 커다란 간극이 있다. 복잡한 건축의 현실에서 무엇이 객관적인 사실이고 무엇이 주관적인 판단인지 구분이 가능할까?

    말과 건축, 말과 체험 사이의 어려운 관계는 민현식에게도 마찬가지였다. 1990년대 누구보다도 지식인으로서 건축가의 위치를 확인하고 싶었던 민현식 역시 말에 대해 회의적이었다. 서두에 인용했듯이 한국 사회가 현실을 포착하지 못한 채 책의 권위에 사로잡혀 있다고 생각했다. 10년 전 한국

민현식 콘트라 유걸

민현식과 기오헌, 인포룸 2 중정

파편과 체험의 언어 2

유걸과 아이아크, 서울시청, 2012

민현식 콘트라 유걸

건축이 "서책과 원색 잡지의 사진술에 압도당한 위성문화권의 콤플렉스"에 사로잡혀 있다는 김석철의 입장과 다를 바가 없어 보인다. 책을 통해 쏟아져 들어오는 외래의 자극에 의존하지 말고 건축과 정면으로 맞서라고 주문한 김석철이었다. 그들에게 당시의 "책"은 진정한 체험을 대신하는 서구적 지식, 부당한 권위와 다름이 없었다. 마찬가지로 민현식은 "실체에 대한 직접적인 미적 경험"에 대하여 고민하고 있었다.

민현식이 김석철과 아주 다른 점이 있다. 민현식은 체험을 중시하고 책의 권위를 의심했지만 비평을 배척하지 않았다. 2000년대 초반 다른 건축가들의 작업에 대하여 글을 가장 많이 쓴 건축가였다.[43] 마당, 벽, 땅 등 구체적인 언어의 대상, 그리고 대상의 언어를 건축 담론으로 펼쳤고 말을 창작의 동력원으로 취하였다. 이런 단편들이 임의적일지 모르지만 자신의 건축 세계에 편입되면서 스스로 부담해야 할 가늠자가 된다. 비평가 박길룡은 이런 현상을 "개념의 시장"이라고 부른 바 있다. 새로운 건축 세대를 찾으며 "건축가들이 개별적으로 믿고 있는 가치와 방법"을 추궁했던 것이라고 당시 상황을 묘사하였다.[44]

건축이 형태를 벗어나고 나면 공간이 남고, 그 공간을
개념으로 수습한다. 비록 형태소는 남지만, 그것들은

파편과 체험의 언어 2

단편이기 때문에 개념으로 접착되지 않으면 하나의 사실로 구축되지 못한다. 작업은 건축의 기반을 도시와 땅에 분명히 할수록 주변을 숙고하여야 하였고, 사회 문화의 실체를 이루고, 사용자와 생활이라는 콘텐츠에 눈을 돌린다.[45]

박길룡의 통찰을 편하게 풀이한다면 도시와 땅을 생각하고 문화와 생활을 구성하는 건축은 말이 필요하다는 입장이다. 파편을 체험과 엮어내야 하는 한국 현대 건축의 성장기에 말의 역할이 새롭게 인식된 것이다. 내가 좋아하는 것, 남이 좋아하는 것이 다르기에 그것이 무엇인지 말로 소통해야 한다. 건축이 건축이기 위해서는 말이 함께해야 한다. 너무 당연한 명제일지 모르지만 한국의 건축이 오랫동안 힘들어했던 명제다. 책의 시대가 저문 지금 책을 대신한 매체가 "진리로 행세"하는 시대가 되었다. 1994년 4·3그룹의 일원으로 민현식이 갈망했던 "지혜의 시대"에서 더 멀어진 지금이다. 가상 세계의 지배력이 커져 체험의 종말을 논하는 지금, 언어와 체험의 관계는 새로 조망되어야 한다. 민현식이 기대했던 "인식의 혁명적 전환"이 가능하려면 이들이 함께해야 한다. 체험과 언어가 공존할 때, 이 시대에 절실한 사유와 애정이 가능한 것이다.

신경섭 — 냉철한 애정

사진가가 찾아가는 사물의 매력이 개성과 개별성에
있지 않더라도 거기에 애정이 전제되어 있다.
사물과 특정한 위치-시간에 교감하기 위한 부단한
움직임에서, 로맨스와는 다른 종류의 애정을 확인한다.
사랑은 몸을 움직이게 한다.

기술과 의학이 밝히려는 세포의 구조와 조직은 아름다운
풍경화, 또는 영혼을 담은 초상화보다 근본적으로 카메라와
더 친숙하다. 사진은 이러한 물질세계의 가장 미세한 것과
함께 존재하는 형상 세계의 인상학적인 모습을 밝힌다.
형상의 세계는 한낮의 꿈처럼 감추어져 있지만 얼마든지
인식될 수 있다. 사진을 통해 오늘날 확대되고 더욱 분명하게
드러나고 있다. 기술과 마술의 차이는 철저히 역사적으로
규정된다는 것을 사진은 명확하게 알려준다.

―― 발터 벤야민, 1931[46]

사진의 역사 200년, 사진의 기술과 논리는 계속 변해왔고 지금도 변하고 있다. 그럼에도 불구하고 발터 벤야민이 95년 전 쓴 사진론은 디지털 이미지의 등장 이후에도 여전한 필독 에세이다. 롤랑 바르트, 앙드레 바쟁 등 후배 이론가들이 사진의 대상에 초점을 두었던 것과 달리 벤야민은 사진의 행위에 주목했다. 벤야민의 현재성이 강렬한 이유는 바로

여기에 있다. 바쟁은 사진의 "객관적 속성"에 착안했고, 바르트는 "거기에 있었다"라는 것을 보여주는 것이 그 실존이라고 설파했다. 벤야민은 사진이 기술, 사회와 함께 "철저히 역사적으로 규정"되는 것이라고 보았다.[47] 많은 이론가처럼 벤야민도 사진과 회화의 차이를 고민했다. 대상 자체에 주목하기보다는 사진을 찍는 행위와 그림을 그리는 행위 간 차이를 짚어냈다는 점에서 벤야민은 특별하다. 벤야민은 화가를 주술사라고 불렀다. 화가는 그리는 대상, 즉 모델의 신체 밖에서 작업하기 때문이다. 사진가, 더 정확하게 말해서 카메라맨은 외과 의사다. 외과 의사가 메스라는 도구로 몸을 잘라 들어가듯이 대상 안으로 들어간다.[48] 카메라라는 기계 도구, 또는 알고리즘이라는 프로그램 논리가 필연적으로 환경 안에 있고 그 일부라는 점을 강조한 것이다. 이미지를 생성하는 기술 장치가 현실의 일부이자 현실의 매개자라는 것이 벤야민 사진론의 핵심이다. 디지털 이미지, 카메라 없이 만들어지는 사진적 이미지의 출현으로 투사, 광학, 화학에 기반을 둔 사진의 정의가 무색해졌다. "기하학적 투사라는 안정된 원리에 기반을 둔 하드 이미지" 그리고 "유비쿼터스 하고, 끝없이 유연하고, 적응하며, 소프트웨어에 내재적으로 융합된 소프트 이미지"는 분명한 차이가 있다. 동시에 모두 현실에 내재된 기술 장치로 구현된다는 공통점이 있다.[49] 관찰자와 대상, 주체와 객체를 분리하는 것이 아니라 연결하는 것이 사진의 잠재력이다. 바로 신경섭의 작업이 우리를 끌어들이는 힘이다.

    신경섭의 사진을 보고 있으면 이미지를 포착한 상황이 궁금해진다. 어디서 촬영했을까? 드론을 사용했을까, 크레인을 동원했을까? 렌즈의 사양은? 어떤 계기로 촬영했을까? 이런 질문은 사진을 보고 있는 질문자에게 되돌아온다. 신경섭에 대해 글을 쓰는 내가 그의 사진을 매개로 또 하나의 참여자가 된다. 비평가가 어떤 환경 속에서, 어떤 방식으로 사진을 보고 있는지 묻게 된다. 신경섭이 포착하는 것들과 다르지만, 그의 스승인 오형근의 사진을 볼 때도 비슷한 궁금증이 생긴다. 〈아줌마〉, 〈소녀연기〉, 〈중간인〉 연작에 등장하는 인물이 누군지만큼이나 사진가와 이들의 관계가 궁금하다. 그들에게 어떻게 다가갔을까? 사진을 찍고 싶다는 것을 어떻게 설명하고 그들은 어떻게 반응했을까? 사진가, 사진 찍는 행위, 그 대상, 장소, 이미지의 형식, 사용 프로그램과 테크놀로지, 모두가 연결된 세계라는 것이 매력적이다. 주변을 맴돌기도 하고 안으로 파고들어 가기도 한다. 이렇게 우리는 세상과 관계를 맺는다.

    사진의 실천에 주목한다는 것은 사진의 맥락에만 관심을 둔다는 뜻은 아니다. 신경섭이 만드는 이미지에 주목하자. 우선, 그의 작업이 지난 20년간 세계 사진의 흐름과 맥을 같이하고 있음을 확인할 수 있다. 동시대 건축 사진가로는

신경섭, 〈Suitable No.16〉, 2014

냉철한 애정

이완 반, 그리고 안드레아스 구르스키와 토마스 스트루스 등 뒤셀도르프파의 영향을 받았다. 또한 동시대의 안세권, 서현석, 정연두, 백승우, 윤수연 등과 같이 대도시의 공간 현상을 파고드는 한국 작가 중 하나이기도 하다. 신경섭은 건축을 아름다운 형태로 보는 것이 아니라 사람이 점유하는 공간으로 본다. 건축을 도시 조직의 일부로, 사회경제 체제의 일부로 보는 그의 입장은 동시대의 흐름과 함께하고 있다.

신경섭을 제대로 알게 된 것은 베니스 비엔날레 한국관의 큐레이터로 일한 2013년이다. 그의 작업을 처음 접한 것은 2011년 광주 디자인 비엔날레였지만 베니스 비엔날레 한국관의 〈Crow's Eye View: The Korean Peninsula/한반도-오감도〉전을 기획하면서 그의 독특한 시선, 그가 만드는 장소성을 알기 시작했다. 〈한반도-오감도〉에 서울과 평양의 주요 기념비 건축을 비교하는 섹션이 있었고 서울의 모뉴먼트를 사진으로 기록하는 작업을 신경섭에게 주문했다. 이 시리즈 중에서 여의도 63빌딩의 이미지가 강하게 각인되었다. 'Suitable No. 16'이라는 제목을 달았던 이 사진은 평양의 류경호텔에 대응하는 것으로 구상되었다. 하늘에서 움직이며 여의도를 내려다보는 홍보 영상, 또는 파란 하늘과 반짝이는 황금 커튼 월이 극적으로 어우러진 광고 사진, 우리는 이런 63빌딩에 익숙하다. 신경섭의 63빌딩은 대한민국 성공 신화를 상징하던 기존 이미지와 너무도 달랐다. 앞에서 보든 옆에서 보든 전면성이 무의미한 63빌딩, 신경섭은 그 측면을 입면처럼 포착하였다. 높이, 색깔, 광택에서 주변의 건물보다 도드라지고 사진의 한가운데에 자리 잡고 있다. 63빌딩의 측면 엘리베이터 샤프트가 화면을 반으로 갈랐지만 사진의 중심 이미지라고 말하기 어렵다. 이런 63빌딩은 아무런 감정을 불러내지 않는다. 거기서 활개 치는 자본과 권력에 비한다면 아주 차분한 이미지다. 이 사진이 나에게 각인되었던 이유는 무엇보다 도시의 풍광을 바라본 냉철함이었다. 한국의 가장 기념비적인 건물에서 공간의 깊이와 거리감을 상쇄시켰다. 긴 그림자, 반사와 대기 효과에 기대는 극적인 효과를 모두 거부했다. "이것은 기념비가 아니다 Ceci n'est pas un monument"라고 말하고 있었다.

 신경섭은 많은 경우 건물의 정면을 포착하지만 그것을 '파사드 facade'라고 말할 수 없다. 서양에서 파사드는 사람이 내보이는 얼굴을 뜻하며, 건축에서는 건물의 성격을 가장 잘 드러내 주는 주입면, 그러니까 건축의 얼굴을 의미한다. 신경섭의 건축과 도시는 개별 건물의 얼굴로 말하는 것이 아니라, 이들이 모여 만든 조직으로 말한다. 건축에 관심이 없는 게 아니라 그 자체가 도시에 대한 입장이며 건축에 대한 특정한 태도다. 서양 건축에서 파사드가 개별 주체의 품성을 드러낸다면, 한국 도시의 건축은 그런 파사드가 없다고 말하는 것이다. 조민석, 김찬중, 양수인, 오영욱과 같은 한국 건축

신경섭, 상하이 엑스포 한국관(조민석과 매스스터디스 설계), 2010

신경섭, 〈ICN Project No.16〉, 2015

신경섭

가들이 신경섭에게 요청하는 사진에서도 이런 속성이 드러난다. 그만큼 신경섭의 사진은 그것이 포착하는 도시와 뗄 수 없는 관계를 맺는다.

신경섭의 사진에서 중요한 것은 전면성이 아니라 균질성이다. 그것은 한국 도시의 균질한 체계 안에 내면화된 건축의 모습이다. 도시의 한 부분이 다른 부분보다 더 중요한 것이 아니라 모든 부분이 한 가지 체계를 이루고 있음을 픽셀과 픽셀로 보여준다. 균질성은 요소와 입자가 어떻게 분포되어 있느냐 하는 문제다. 건물과 구름, 형체들의 크기 차이, 가까운 것에서 먼 것으로 이어지며 투시도적인 구도가 선명하다. 원근법 프레임 속에 구름 한 점, 집 한 채, 아파트 한 동이 정밀하게 집합되어 있다. 균질성은 디지털 이미지 고유의 속성이 아니지만 디지털 테크놀로지의 궤적과 맞물려 강화된다. 많은 경우 신경섭은 사진 여러 컷을 정연하게 조합해서 한 장의 이미지를 만든다. 예를 들어 50밀리미터 렌즈로 촬영한 듯 보이는 이미지가 사실은 105밀리미터 렌즈 여섯 컷을 PTGui 이미지 스티칭 프로그램으로 조합하여 만든 것이다. 이러한 기법을 쓰면, 이미지를 확대할 수 있는 더 높은 해상도를 확보할 뿐만 아니라 화면 전체를 균질하게 만들 수 있다. 렌즈를 통해 착상되는 이미지는 중심에서 외곽으로 갈수록 왜곡 현상이 심해진다. 카메라로 디지털 이미지를 만드는 과정은 여전히 렌즈를 통해 이루어지지만, 디지털 프린팅의 조합으로 화면이 전체적으로 균질해진다. 이러한 속성은 화면 내 스케일, 매체와 크기의 효과에 대한 작가의 꾸준한 탐색으로 가능한 것이다.

신경섭은 건축과 도시에 대한 입장을 분명하게 드러낸다. 건축 사진가가 당연히 갖추어야 할 역량이다. 하지만 'ArchDaily' 웹사이트에 업로드할 건물의 이미지를 제공하는 것이 오로지 건축 사진의 역할인 듯한 이 시대에 음미해야 할 덕목이다. 건축은 겉모습보다 공간과 조직, 생활과 생각이 함께할 때 힘을 발휘한다. 여기서 몇 가지 질문이 뒤따른다. 조직을 담은 사진은 몸과 마음을 움직일 수 있을까? 개별성이 아니라 분포가 중요한 사진의 미학은 무엇인가? 작품이 아니라 생각이 중요하다는 개념 미술이 이런 질문에 이미 답변한 바 있다. 사진의 대응, 특히 건축과 도시를 다루는 사진이 답할 영역이 분명히 있다. 신경섭에게 어떻게 건축 사진을 시작하게 되었는지 질문한 적이 있다. 그는 다음과 같이 대답했다.

> 유기체를 찍는 작업에 지쳐있었던 것 같아요. 은사님 밑에서 워낙 인물 위주의 작업을 하다 보니 모든 업무가 사람을 상대하는 일이었어요. 저는 그런 과정에서 벗어나고 싶은 마음이 있었고요. 이런 상황에서 아무런 감정 없이 다가오는 무기물에 매력을 느끼는 것은 당연했어요. 건물이라는 대상이

신경섭, 〈Park No.17〉, 2019

오형근, 〈Itaewon story(창규, 웨이터, 이태원 보광 노래방 앞에서)〉, 1993

냉철한 애정

스케일만 확장되었지 흔히 찍던 소박한 스틸 라이프 이미지처럼 쉽게 느껴졌어요.[50]

신경섭의 선생은 앞서 언급했던 오형근이다. 오형근은 그의 사진에 담는 인물들의 얼굴을 '마스크'가 아니라 '파사드'라고 불러야 한다고 강조한다.[51] 마스크는 상대적으로 고정된 얼굴이라면 그가 포착한 인물들은 그들이 "내보이고 싶은 얼굴", 즉 파사드를 만들고 있다고 말한다. 신경섭은 이러한 유기체와 교감하는 것에 지쳐 "아무런 감정 없이 다가오는 무기물", 의미 없는 파사드에 다가서기로 한 것이다. 하지만 그런 무기물에서 "매력"을 느끼게 되었다. 도시의 아주 작은 부분을 만드는 건축가에 대한 애정도 생겼다. 감정 없는 무기물에 대한 애정, 신경섭이 좋아하는 그리스 철학가 고르기아스의 소피스트적 궤변이라고 할 수 있다. 신경섭이 찾아가는 사물의 매력은 개성과 개별성에 있지 않지만 애정이 전제되어 있다. 이런 사물과 특정한 위치-시간에 교감하기 위한 부단한 움직임에서, 로맨스와는 다른 종류의 애정을 확인한다. 사랑은 몸을 움직이게 한다. 이것이 사진과 미학의 기본이다.

신경섭의 애정은 홍콩, 도쿄 등 동아시아의 고밀도 대도시를 촬영한 마이클 울프의 사진과 비교할 때 선명해진다. 마이클 울프는 신경섭보다 연배가 높고 포토 저널리스트로서 활동의 폭이 넓은 작가였다. 가장 두드러진 차이는 반복성에 있다. 신경섭은 랜드스케이프 장르의 일관된 태도를 공유하지만 같은 이미지를 반복적으로 생산하지는 않는다. 반면, 울프의 〈Architecture of Density(밀도의 건축)〉, 〈Tokyo Compression(도쿄 압축)〉, 〈Transparent City(투명 도시)〉 등은 반복으로 힘을 발휘한다. 똑같은 장소에서 같은 사람을 찍는다는 뜻이 아니라, 같은 감성을 불러일으키는 이미지를 생산한다는 뜻이다. 똑같은 감성을 계속 부르는 지루한 힘이다. 반복은 패턴을 만들고, 패턴은 장소성을 상쇄한다. 하늘도 땅도 보이지 않는 홍콩의 아파트, 도쿄 지하철 안에 갇힌 사람들, 구체적인 장소를 담고 있지만, 패턴이 반복되면서 어디서 누구를 찍었는지가 무의미해진다. 오형근의 사진처럼 인물과 관계에 대한 관심이 생기는 것이 아니라 일반화된 감정으로 등기登記되어 버린다. 신경섭은 울프의 폐쇄 공포증과는 다른 종류의 이미지를 만든다.

신경섭의 첫 개인전 〈코스모스〉가 2018년 인천 '코스모40'에서 열렸다. 코스모40은 7만 6천 제곱미터 부지에 마흔다섯 개의 공장동이 있던 코스모화학 단지에서 유일하게 남은 공장동이다. 이산화타이타늄 생산 공정에서 생기는 황산철 부산물을 재처리하는 시설이었다. 1970년대 초부터 40년간 인천 가좌동에 자리 잡고 있던 코스모화학이 울산으로 이전하면서 공장 부지 전체가 시행사에 매각되었다. 시행사는 큰 단지를 여러 필지로 나누어 분양했는데, 코스모40이 유일하게 기존 공장의 모습을 보존했다. 지역에 기반을 둔 젊은 기업인, 인천시, 그리고 서구가 뜻을 모아 문화 시설로 재탄생시켰기 때문이다. 이 건물을 기록해 달라는 그들의 주문이, 다른 공장동처럼 사라질 뻔한 공간을 코스모40이라는 장소로 만드는 계기가 되었다. 신경섭의 첫 개인전 〈코스모스〉가 산업 단지 재생과 연관된 미완의 공간에서 열린 것은 결코 우연이 아니다. 〈코스모스〉는 인천 남가좌동, 코스모40, 사진 속 도시 공간, 그리고 관객을 이어주는 매개자다. 재생은 도시를 넘어 인류의 근본 과제가 되었다. 200년 전 사진의 발명을 촉발한 근대 화학은 중화학 산업의 근간이었다. 중화학 산업이 생산하는 미세 물질들이 우리의 몸과 환경에 스며들어 있다. 알고리즘도 디지털 테크놀로지의 발달로 모든 시간과 공간에 퍼져있다. 나노 단위의 화학 물질과 유비쿼터스 알고리즘이 우리 신체를 포함하여 모든 곳에 산재한다. 기술은 이렇게 미세하고 전면적으로 퍼져있는 사물을 볼 수 있게 해주었다. 현미경 사진으로 몸에 침투한 화학 물질을 보여주었고, 위성 사진으로 녹아 없어지는 북극의 얼음도 보여주었다. 그럼에도 불구하고 인류는 계속 환경을 파괴하고 기후 변화는 가속화되고 있다. 이미지는 사람의 마음을 바꿀지 모르지만 몸을 움직이지는 못한다. 도시의 재생이 절실한 시대, 표상만으로 재생이 실현되지 않는다. 하지만

신경섭, 〈Cosmo40 No. 49〉(리노베이션 이전 코스모40), 2017

신경섭, 〈코스모스〉 전시 중인 코스모40, 2018

냉철한 애정

재생의 실천에는 반드시 표상이 필요하다.

    신경섭의 건축과 도시에는 하늘과 땅이 있다. 디지털 프로그램으로 조합된 사진에도 특정한 시간과 장소의 빛과 공기가 있다. 그는 건축과 도시에 사람과 기계가 있다는 것을 상기시킨다. 이것을 분포의 미학이라 부르자. 분포의 미학은 도시를 패턴으로 보는 이방인의 입장이 아니며 낭만적인 풍경으로 그리는 유미주의적 태도는 더더욱 아니다. 벤야민이 설정한 외과 의사처럼 공간과 사물 안으로 잘라 들어가는 냉철하고 적극적인 참여 행위다. 신경섭이 냉철한 것은 대도시의 일상화된 우울함이나 아름다운 환상을 보여주기 위함이 아니다. 본인도 그 도시의 구성원임을 잘 알고 있다. 애정은 이렇게 공동체의 일원으로서 발현된다. 신경섭의 냉철한 애정은 몸과 마음이 움직이는 방법이자 결과다. 매체와 공간을 가리지 않는 오늘날의 이미지도 이런 움직임으로 만들어지는 것이다. 치밀하면서도 유연한 그의 애정에서 동시대 사진의 리얼리즘을 찾아간다. 신경섭

사랑

감각

건축에 대한 건축 — 김승회와 경영위치

건축에 대한 건축 — 김승회와 경영위치

건축에 대한 건축 — 김승회와 경영위치

건축이 간신히 존재하는 위태로운 상황에서는
건축을 사유하는 능력이 필요하다.

건축에 대한 건축 — 김승회와 경영위치

건축에 대한 건축 — 김승회와 경영위치

건

이곳에 만들어진 공간과 형태는 건축적인 기호가 아니라,
다양함과 질서가 공존하는 '어떤 체계'에 대한 철학적인
신념이며, 집적된 시간과 소비되는 공간으로 채워져 가는
도시적 상황에 대한 대응 방식이자, 동시에 확정성과
불확정성이 공존하는 프로그램이 요구하는 건축적 생성
문법이다.

—— 김승회, 2000[52]

집이 갖고 있는 공간이나, 재료들에 대해서 전체의 논리에
종속시키는 것은 오히려 여러 가지 가능성을 놓칠 수 있다.
가야금 명인 황병기 씨의 말을 빌리자면, 서양 음악은 음표들이
멜로디에 종속되어서 음 하나하나가 가치를 갖지 못한다.
그러나 우리 음악은 음 하나가 존중되는 것이 미덕이어서
하나하나와 그 사이의 여백과 거리가 중요하다고 한다.

—— 김승회, 2002[53]

김승회와 경영위치

김승회는 건축을 요소와 체계, 혹은 부분과 전체로 말한다. "설계를 하면서 집의 전체적인 틀"을 만들고 체계에 대한 "철학적 신념"을 견지하면서 체계의 요소도 존중한다.[54] 황병기가 음 하나하나를 소중히 하듯, 벽과 기둥, 창과 문, 이런 요소가 이루는 공간과 형태의 체계로 설계한다. 건축을 요소와 체계로 보는 입장은 서양에서는 오래된 전통이지만 한국 현대 건축에서는 새로운 관점이다. 재료와 자재를 다루는 건축 설계는 어떻게든 부분을 모으고 합치는 작업과 연관된다. 서양의 고전 건축도 그렇고 우리의 한옥도 그랬다. 하지만 평면과 입면을 통합하고, 구조를 표현하고, 비례와 디테일을 따지는 김승회의 설계 방법론은 한국적 맥락에서 독특한 입지를 갖고 있다. 20세기 말 전 세계적으로 주목받았던 파라메트릭 디자인, 다이어그램의 건축, 랜드스케이프 어바니즘은 건축이 요소로 구성된다는 개념을 부정하였다. 시스템을 지향하는 이런 입장들은 요소를 혁신의 장애물로 간주하였다. 이런 시류를 감안할 때 김승회의 건축을 퇴행이라 봐야 할까? 모더니즘의 부재, 과거를 따라잡으려는 보완 심리로 치부해야 할까? 그렇지 않다. 김승회의 건축은 구체적인 장소와 역사 속에서 봐야 한다. 그때 비로소 근대에 대한 인식을 재조명하고 확장할 수 있다.

　시대와 장소에 따라 건축의 부분과 전체는 다르게 구성된다. 한국 현대 건축에서 그 진화 방식은 서양 건축과 다르다. 우리나라는 일제강점기, 해방과 전쟁, 개발 시대를 거치면서 건축이 주로 기술 분야로 취급되었다. 건설과 재료 산업이 콘크리트에 한정되어 있고 전근대의 전통과 단절되어, 한국 현대 건축은 실무와 이론에서 체계를 갖추지 못했고 그에 따른 요소도 부재했다. 이런 상황에서 한국 건축은 '파편'을 통해 문화적 의미를 갖기 시작했다. 편협하지만 상징적인 순간으로 1966년 국립박물관 현상설계에 주목할 수 있다. 발주처였던 문화재 관리국은 문화재를 모방하여 그 구성과 느낌이 날 수 있도록 권유하는 지침을 설계 조건으로 명기했다.[55] 옛 건축의 탑파에서 기와지붕과 공포, 한식 문양까지 향수로 점철된 파편은 경주보문단지, 예술의전당, 독립기념관 등 독재 정권 시기 수많은 공공 프로젝트에서 강요되었다. 1990년대 이후 자유로워진 사회 분위기 속에서 파편의 범주가 확장되기 시작했다. 건축의 의미를 찾으려는 건축가들은 병산서원이나 라 투레트 수도원 같은 건축뿐 아니라 문학, 미술 또는 일상의 단편까지 작업 속으로 끌어들여 강력한 전체를 만들고자 하였다. 전통의 기반이 없고 설계의 이론 체계도 없는 상황에서 이러한 파편들은 개인적인 체험으로 건축 작업에 편입되었다.

　1990년대 후반 건축 언어의 초점은 작가 의식과 주체의 체험에서 객관적인 체계와 조건으로 옮겨가기 시작했다. 김승회는 이런 변화를 주도했던 새로운 세대의 일원이었다. 그는 기존 도시에 대립적인 입장을 취했던 한국의 1·2세대 건축가들과 달리 학생 시절부터 도시를 건축 안으로 흡수하고자 했다. 김승회의 세대는 건축 외부의 힘을 보다 편안하게 인정했던 것이다. 동년배 건축가 김영준은 "무언가를 만들 때 나의 관점이 건축에 투영되는" 이전 세대와 달리 "밖의 것이 들어와서 내 관점에 영향을 미치고 바꿔가는 것"이라고 주장하였다.[56] 이렇게 바깥 세계에서 무엇을 가져오는 것이 김승회의 작업 방식이다.

> 굴뚝과 매연, 엄청난 석축, 간선 도로의 끔찍한 스피드, 차마 도시라고도 할 수 없는 도시의 풍경들, 단조로운 공간들, 범람하는 이미지, 엉뚱한 법규들, 이런 조건들이 경영위치의 건축을 낳고 길렀다. 우리 도시의 환멸에서 출발하여 새로운 꿈을 보이고자 한 것이 아니라, 도시의 조건을 긍정하고 그 속에서 만들 수 있는 희망을 찾고자 했던 작업들이다. 관념과 언어가 아니라 집의 비례와 재료로, 구조와 구법으로, 벽과 마당으로, 돌과 나무로, 우리 삶의 무늬를 새겨보려 했던 것이다.[57]

김승회는 어려운 도시적 상황에서 시작하여 벽과 마당, 돌과 나무의 요소에 삶이 새겨진 건축을 발상한다. 척박하고 혼란스러운 현실, 그리고 그 반대편에 건축에 내재된 규율을 양립시키는 전형적인 구도로 볼 수 있다. 김승회가 다른 것은 현실과 괴리된 건축적 이상을 추구하지 않는다는 점이다. 오히려 "도시의 조건을 긍정하고" 이를 자신의 건축에 각인하고자 한다.

　　김승회의 건축은 그 외연과 관계를 맺는 방식에 따라 건물의 모습이 달라진다. 이러한 건축 방식을 이해하고 보면, 그가 설계한 '롯데리조트부여'에 있는 한옥 요소가 전혀 놀랍지 않다. 리조트가 자리 잡은 백제문화단지가 여러 시기와 장소의 건축이 병치된 혼성의 풍경이지 않은가? 건축가가 이미지에 집착했다고 비난할 필요도 없다. 김승회는 자신의 건축을 "이미지들의 콜라주"[58]라고 부를 만큼 조합된 형상에 관심을 두고 있다. 프로젝트마다 건축은 다양한 "포즈"를 취한다고 말하는 건축가다. 도시, 농촌, 자연, 맥락에 따라 여러 가지 공간 조직, 구조 질서, 재료 구성을 취해왔다. 김승회는 분명한 모더니스트다. 하지만 순수한 형태, 단일한 구조 논리, 또는 재료에 대한 최소주의를 추구하지 않는다. 건축이 이런 내재적인 일관성을 고수하기에 한국의 도시는 너무 파편화되어 있다. 김승회는 건축이 형식과 구조적 질서에 지배되는 것을 바라지 않지만 조직된 전체의 의미는 갖고 있어야 한다고 믿는다.

　　그렇다면 김승회 건축의 원칙을 어디서 찾을 것인가? 바로 설계 방법론의 일관성에서 찾아야 한다. 김승회는 새로운

김승회와 경영위치, 롯데리조트부여, 2010

건축에 대한 건축

프로젝트를 맡으면 먼저 오랜 숙고의 시간을 갖는다. 머리와 마음에서 전체적인 설계안의 구상이 이루어지면 스케치를 할 준비, 옐로 트레이싱지를 펼칠 준비가 된 것이다. 평면, 입면, 단면, 디테일까지 긴 트레이싱지에 그리는 일은 단 몇 시간 만에 끝난다. 이러한 설계 방식은 서울건축에서 익힌 미스 반데어로에적인 훈련, 그리고 유학 시절 미시간대학교에서 받은 프랑스 건축 아카데미 '에콜 데 보자르' 방식의 설계 교육 때문에 가능하다. 모두 부분과 전체를 엮어내는 훈련으로, 한국 건축가 중에서는 아주 소수가 지닌 역량이다.

여기서 주목할 것은 김승회 건축의 부분과 전체가 정확히 합치되지 않는다는 점이다. 에콜 데 보자르의 '에스키스', 즉 평면을 빠른 시간에 짜는 방법론은 19세기 서구의 근대화 과정에서 개발된 설계 기량이다. 다양한 근대적인 시설의 기능을 적절하게 배분하고 공간의 질서를 부여하는 기율이다. 보자르의 에스키스는 전체와 부분의 조화를 추구한다. 김승회는 보자르적인 훈련을 훌륭하게 소화했지만, 그의 스케치에서 보자르 건축의 전형적인 균형이 보이지 않는다. 그래서 그의 계획안을 도면으로만 보면 해석이 어려울 때가 있다. 김승회가 말하는 건물의 "포즈"가 도면상으로 어색하고 자의적으로 보일 수 있다. 롯데리조트부여 역시 그렇다.

김승회 건축의 질서는 현장에서 어떻게 드러나는가? 롯데리조트부여와 함께 서울 신길동 주거 지역에 자리한 '영동

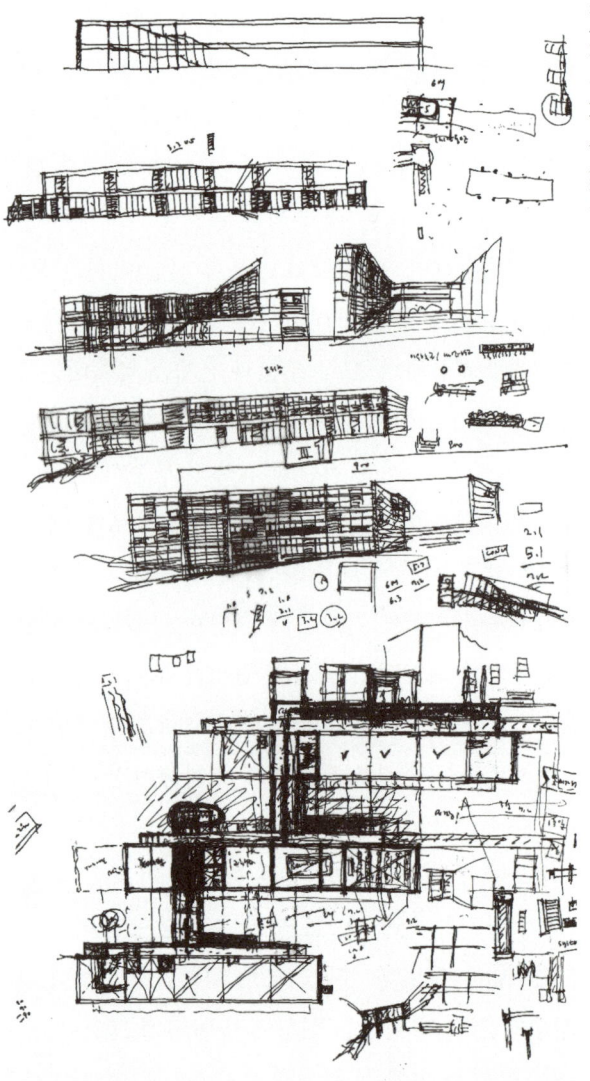

김승회, 이우학교 스케치, 2001

건축에 대한 건축

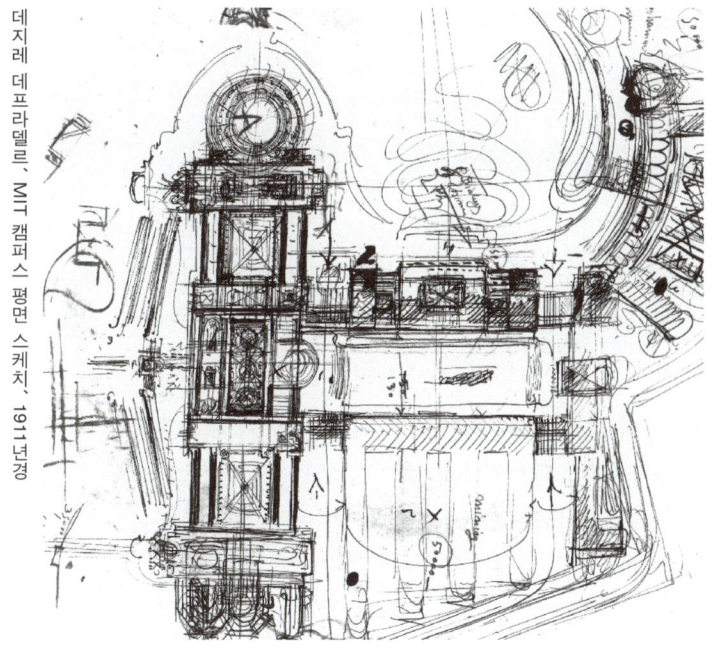

데지레 데프라델르, 'MIT 캠퍼스' 평면 스케치, 1911년경

김승회와 경영위치

교회', 그리고 분당 외곽에 있는 '이우학교', 서로 다른 프로젝트의 현장을 살펴보자. 영동교회는 7미터 고도차가 나는 경사지에 세워졌다. 교회는 삼각형 대지의 두 변 좁은 길을 따라 진입한다. 대지의 높은 쪽에 면한 길에서는 평평한 외부 광장을 거쳐 본당으로 진입할 수 있다. 낮은 쪽 길에는 지하 주차장으로 들어갈 수 있는 진입로와 함께 높은 광장까지 이어주는 계단과 열주랑이 마련되어 있다. 이 부분에는 인근의 허술한 2층 주택들과 어울리는 붉은 벽돌을 주로 사용하였다. 건축가는 일련의 외부 공간을 통해 동네에서 교회 영역을 이어주고 기존 도시 조직을 확장했다. 여기서는 건축을 하기보다는 도시의 풍경을 만든다. 반면 교회 본당은 다른 방식으로 접근하였다. 건축가의 의지는 종교적인 공간을 만드는 데 있었다. 그런 의도에 따라 이중 회색 유리로 예배당을 덮어 내부에서 도시를 향한 시선을 차단했다. 본당은 은은한 빛과 미묘한 그림자를 지닌 내부 공간으로, 바깥에서 보기에는 세속과 단절된 불투명한 구조물로 탄생하였다. 잡지에 실린 도면에서는 어색하게만 보였던 영동교회의 형상이 현장의 체험을 통해 강렬한 설득력을 갖는다.

이우학교는 어려운 여건에서 실현된 프로젝트다. 대안학교의 이념에 어울리는 건축이어야 했고, 급경사지인 데다 주변 그린벨트의 훼손을 최소화해야 했으며, 개교 일정에 따라 빠듯한 공사 일정도 맞추어야 했다. 작은 덩어리에서 최

김승회와 경영위치, '영동교회', 2001

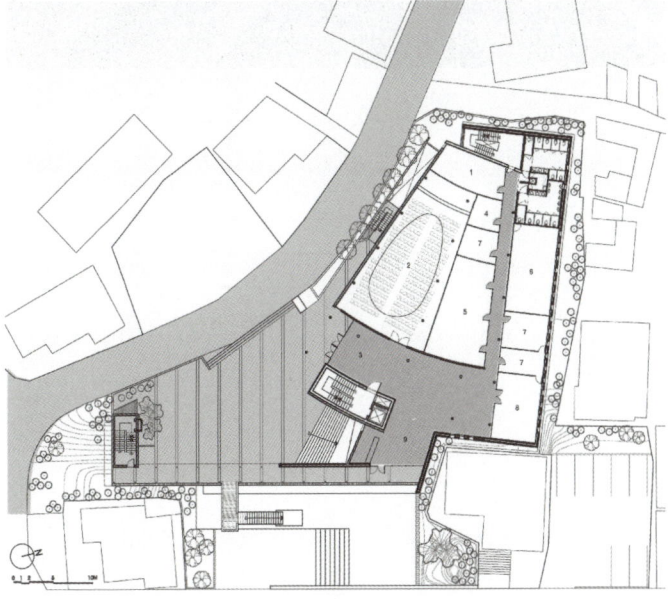

영동교회 평면도 와 경영위치

영동교회 본당 내부

건축에 대한 건축

대한의 공간을 얻어내기 위해서는 건물 구조가 가늘고 가벼워야 했다. 교사동은 1.8미터 간격의 기둥, 8.4미터 길이의 보가 지탱하고 있다. 1.8미터는 여닫이문과 미닫이창을 끼워 넣을 수 있는 적절한 폭이다. 철재 기둥은 건물의 뼈대이자 창과 문, 목재 칸막이벽을 끼워 넣는 틀이기도 하다. 이 틀 안에 여닫이문, 미닫이창, 전창, 해를 가리는 루버, 마당을 향한 베란다가 조합되어 다채로운 입면을 구성하였다. 철재 구조의 명쾌함, 유리의 투명함에 목재의 따뜻함이 더해졌다. 수평 보는 가볍고 열린 트러스가 천장 반자 없이 노출되어 있다. 그래서 건물 밖에서 보는 층의 높이는 낮지만 교실 안의 천장은 상대적으로 높다. 1.8미터마다 반복되는 철재 기둥이 가늘기 때문에 눌리면 옆으로 휠 수 있다. 층의 높이를 낮추었기 때문에 기둥 사이에 한 칸씩 건너 수평 막대를 두는 정도로도 안정된 구조를 확보하였다. 가늘고 가벼운 기둥은 주변의 섬약한 자연과도 어울린다. 뿌리가 깊지 않고 줄기가 굵지 못한 주변 나무들과 어울린다. 가는 기둥들이 기우는 것을 막기 위해서 건물의 양 끝에 타일을 입힌 넓은 벽을 설치했다. 붉은색 철재 기둥과 대조가 되는 회색 벽이 건물의 시작과 끝을 알려준다. 모든 부재를 공장에서 제작하고 현장 조립했기 때문에 치수가 정확하고 공사 기간을 크게 줄일 수 있었다. 교사동의 경우 당초 예상했던 기간을 반으로 줄여서 3개월 만에 마무리했다.

김승회와 경영위치, 이우학교 교사동, 2003

이우학교 학생회관

건축에 대한 건축

그다음에 지은 학생회관은 교사동과 마찬가지로 상자 모양이지만 정반대 논리로 지었다. 반복되는 가는 부재로 교사동의 구조를 만들었다면, 학생회관의 구조는 대담하다. W자 모양의 큰 구조가 도서관-식당동의 2층을 에워싸고 있다. 식당과 도서관은 기둥이 하나도 없고 시야가 밖으로 트인 공간이다. 건축가의 표현을 빌리자면 교사동과 학생회관은 "집의 포즈"가 다르다. 교사동은 적당한 크기의 마당을 에워싸서 마당과 교사동 사이에 내향적이고 친밀한 교감이 있다면, 도서관은 먼 풍경을 향해 뻗어나가는 적극적인 포즈를 취한다. 집의 몸체가 뒤틀리지 않아도, 과장된 표정을 짓지 않아도 집의 포즈는 다양할 수 있다.

롯데리조트부여는 영동교회와 이우학교만큼 주변의 구속을 받지는 않았지만 특수한 조건이 있었던 프로젝트다. 현상설계 지침은 상업적인 요건은 물론 역사적인 지역 맥락에도 부응해야 한다고 명시했다. 김승회는 한옥과 현대적 형태를 병치시켜 이런 요구에 대응했다. 한옥과 현대 건축을 일체화하기보다는 통합된 공간을 만들되 차이를 뚜렷하게 부각시키는 방법을 택했다. 각각의 체계는 명백히 다르지만 상호 보완적인 효과를 노렸다. 이러한 과정에서 인상적인 원형의 한옥 회랑이 탄생한 것이다. 리조트 건축이 원하는 스펙터클을 제공하면서도 전체 건축의 정체성이 지배되지 않는 적정선을 잡았다. 김승회 건축의 효과, 그 포즈는 작업마다 다르고 그의 모더니즘을 정의하는 기준이 될 수는 없다. 다시 말해, 김승회의 관심은 일관된 조형이 아니다.

그렇다면 김승회 건축의 원칙은 어디서 찾아야 할까? 시인 김수영을 해석한 철학자 김상환을 통해 알아보자. 김상환은 다음 문장으로 김수영론을 시작한다. "김수영은 많은 경우 시를 썼다기보다 시에 대한 시를 썼다." 여기서 김수영을 김승회로 대체하고 시 대신 건축을 삽입하면, 김승회의 작업은 '건축에 대한 건축'이라 할 수 있다. 김상환의 김수영론에서 시학을 건축으로 대신하면 다음과 같은 설득력 있는 해석이 나온다. 건축은 묘사할 수 있는 어떤 즉물적 대상일 수 있지만, 김승회가 건축으로 옮기고자 한 것은 건축의 조건이다. 보이지 않는 건축의 조건, 그 가능성 자체를 구축할 때, 건축은 메타 건축, 극복의 건축이 된다. 김승회에게 메타 건축의 필요성은 어디에서 오는가? 그 필요성은 무엇보다도 역사적 현실의 낙후성에서, 문화와 정치의 후진성에서 왔다. 어쩌면 건축이 불가능해질 수 있는 그런 현실이 있다.[59] 건축이 간신히 존재하는 위태로운 상황에서는 '건축이 무엇인가'에 대해 생각하는 능력이 중요하다.

김상환에 따르면 김수영의 시는 후진성의 자각이 그려낸 간극을 이어주는 "교량술"이다. 이런 교량술을 통해 사유가 가능해지는 것이다. 교량술이 서로 다른 곳을 연결해 주는 장치라면, 건축에서 교량은 디테일이다. 이것과 저것의 차이를 한 건물에서 공존하게 하고 그 차이를 보여주는 것이 건축의 디테일이다. 건축의 사유가 교량술이라면, 그것은 디테일로 가능해진다. 알베르티, 쥘리앵 구아데, 미스 반데어로에, 제임스 스털링, 렘 콜하스로 이어지는 서양 건축의 전통에서 요소와 요소를 결합하는 디테일은 건축 인식론의 근간을 이루어왔다. 마르코 프라스카리는 "디테일은 의미화의 과정, 즉 인공물에 의미를 부여하는 과정의 표현"이라고 했다. 여기서 디테일은 마음의 움직임을 깨우쳐주는 것이며 질서에 대한 지식이다. 프라스카리는 기호학을 원용하여 "건축의 체계"를 "플롯"이라고, "디테일의 건축"을 "스토리"라고 말한다.[60]

프라스카리의 메타포는 김승회의 건축을 사유하는 단서를 제공한다. 다만 김승회의 체계와 파편이 만드는 이야기들은 프라스카리가 전제하는 서양 건축의 서사와 다르다. 파편은 요소와 달리 불완전한 정보, 또는 모순된 논리로 확인된다. 파편은 전체에 내재하는 균열과 모순의 누설이다. 혼성된 백제문화단지, 복잡한 신길동 주택가, 분당 외곽의 애매한 자연 지역, 이런 공간과 시간 속에서 사유의 힘을 지니는 건축의 속성이다. 차이를 수용해야 하는 현대적 사유의 힘은 이런 생산적인 균열, 즉 규율과 체험, 그림과 공간 사이의 간극에서 비롯된다. 건축가 이민아는 김승회 건축에서 요소의 명료함을 다음과 같이 기술한 바 있다. "기둥이려면 기둥이

김승회 외, 경성우체국, 서울, 2014

어야 하고, 창문이려면 창문이기로 한다. (…) 요소들의 관계는 서로가 서로를 변론하고 통쾌하게 해명한다."[61] 김승회의 요소는 재료의 일관성, 오스트리아 건축가 아돌프 로스가 제안한 "피복의 원칙"이 있다는 점에서 동의할 수 있다. 건축 부재가 잘 쓰이도록 다른 재료로 덧씌울 수 있지만, 부재의 원재료가 아닌 다른 재료처럼 보이게 하면 안 된다는 것이 로스의 입장이었다. 콘크리트 난간의 촉감과 내구성을 위해 페인트를 칠할 수 있지만, 콘크리트를 나무처럼 보이게 해서는 안 된다는 뜻이다. 김승회는 이런 원칙을 견지하지만, 그의 요소는 외부의 조건에 대응하기 때문에 자율적인 체계를 구성하지 않는다. 이우학교의 가는 기둥, 롯데리조트부여의 한옥 회랑, 영동교회의 벽돌 테라스 등은 전체적인 풍경의 요소이며 현장 문맥으로 연장된다.

김승회의 텍토닉스는 분명 일관성을 지니고 있다. 하지만 서양에서 전형적으로 보는, 건축 자체에 질서를 부여하는 텍토닉스가 아니다. 고밀도 도시, 복잡한 프로그램, 그리고 현장과 얽힌 텍토닉스다. 김승회가 트레이싱지에 담은 그림에는 외연의 무질서가 모두 드러날 수 없다. 현장과 기율 사이의 간극은 작업에 얽힌 물질, 사회, 도시의 복잡한 현실을 직접 체험한 후에야 온전히 수용할 수 있다. 서양이 추구한 부분과 전체의 조화를 여기서 찾아서는 안 된다. 그래서 그의 건축에 대해 "신은 디테일에 있다"라고 말하지 않겠다.

"영혼이 디테일에 있다"라는 말도 할 수 없다. 대신 이민아가 언급한 건축가의 "마음", 그 마음이 김승회의 디테일 속에 있다고 말하겠다. 마음은 불완전하고 또 변하기도 하지만 애정과 지성이 함께한다.

움직이는 미학 — 최욱과 101

한옥은 아름다운가.

모두 한옥으로 이루어진 600년 전 도시가 아니라
굴곡의 역사가 겹겹의 공간을 만든 현재에 관해 묻는 것이다.

건축이란 감각으로 만들어진 삶의 이미지다: 눈으로 보는
것이 아닌 마음에서 느껴지는 풍경. 공간은 형태가 아니라
삶의 추상적인 형식, 사건과 체험의 기억이다.

—— 최욱, 2008[62]

미학은 신체의 담론으로 탄생했다.

—— 테리 이글턴, 1990[63]

북촌과 삼청동. 좋은 한옥이 밀집된 동네에 특별한 한옥들이 있다. 미술 갤러리 '학고재'와 설화수가 운영하는 플래그십 스토어 '설화수의 집', 모두 건축가 최욱이 리노베이션 한 집이다. 북촌에 그가 설계한 한옥이 여럿 있지만, 이들은 큰 원칙을 공유하면서 땅의 조건과 프로그램에 따른 건축 방법론의 차이를 명쾌하게 보여주는 집들이다. 기계 설비가 없는 단층의 살림집, 좌식 생활을 전제했던 한옥을 갤러리, 식당, 매장, 카페 등의 기능을 수용하도록 개조하는 것은 쉬운

일이 아니다.

　한옥을 아름답고 쓸모 있게 개조하는 역량은 한국 사회가 한옥의 소중함을 깨닫는 시간과 함께 축적된 것이다. 한옥의 동시대적인 미학, 다시 말해서 도시 일상 속 한옥이 얼마나 아름다울 수 있는지를 보여주는 건축가가 최욱이다. 문화재로 보존된, 박제된 유물이 아니라 매일매일 사용하는 공간에 관한 이야기다. 설화수의 집은 1930년대에 지어진 ㄷ자 한옥 두 채와 그 뒤편 축대 위의 1960년대 양옥 지하부를 더해 조성되었다. 학고재 갤러리는 1988년에 마당 없이 좁은 틈을 둔 이상한 ㄷ자 한옥과 그 옆 작은 공간들을 더해서 만들었다. 설화수의 집과 학고재는 한 켜 뒤에 있던 한옥으로, 북촌길과 삼청동길을 확장하면서 큰길에 면하게 되었다. 북촌의 한옥이 대부분 그렇듯이 문화재가 아니기에 전시 공간과 상업 시설로 고쳐 사용할 수 있었다. 건축가는 기존 한옥에 기대면서, 또 그것에 반하면서, 그리고 무엇보다도 오랜 기억이 스민 동네를 존중하면서, 옛것과 새것이 겹쳐있는 건축을 만들었다.

　최욱은 이런 '겹의 건축'을 오랫동안 공부하고 익힌 건축가다. 홍익대학교에서 공부를 마치고, 이탈리아에서 실험적인 건축 교육을 하는 베네치아건축대학교IUAV에서 유학하여 한국인 처음으로 IUAV 디플로마를 취득했다. 베네치아는 물론 이탈리아의 옛 도시들은 그 자체가 역사 교과서이며 건축 교실이다. 베네치아는 1700년의 겹을 성당과 궁전뿐만 아니라 평범한 아파트, 크고 작은 광장, 벽과 바닥 구석구석에 간직하고 있다. 베네치아건축대학교는 최욱에게 시간, 공간, 물질을 어떻게 겹칠 수 있는지 알려주었다. 1985년에서 1989년까지 재학 기간 동안 최욱은 마우로 레나, 오직 한 교수의 설계 스튜디오를 수강했다. 최욱은 레나의 스튜디오를 통해 서양 건축의 체계적 전통을 알게 되었다고 한다. 레나의 가르침은 "공간의 질을 분절하는 명확성"을 갖고 있었고, 최욱은 논리적인, 시각적인, 체계적인 특성이 가장 기억에 남는다고 회고한다.[64] 레나는 르코르뷔지에의 빌라 가르슈를 통해 현대 건축의 시스템을 분석하고 변형하는 것으로 스튜디오를 시작했다. 그다음 단계로 최욱은 빌라 가르슈 분석을 토대로 하여 팔라디오의 바실리카 팔라디아나Basilica Palladiana에 자신이 고안한 현대적인 열주랑을 중첩하는 프로젝트를 스스로 발상하였다.[65] 팔라디오의 활동 근거지 비첸자에 위치한 바실리카 팔라디아나는 15세기 초반에 처음 건립되어 몇 차례의 증축, 소실, 개축을 거쳤다. 1546년에 설계를 시작한 팔라디오의 열주랑은 고딕 양식의 입면을 복도 내부에서 마주하며 한 켜를 덧붙인 것이다.

건축과 학생 최욱은 서양 고전 건축과 현대 건축을 대면시켜 서로의 관계를 파악하는 훈련을 자청했다. 팔라디오가 고딕 건축에 자신이 설계한 고전 열주랑을 병치했듯이 최욱

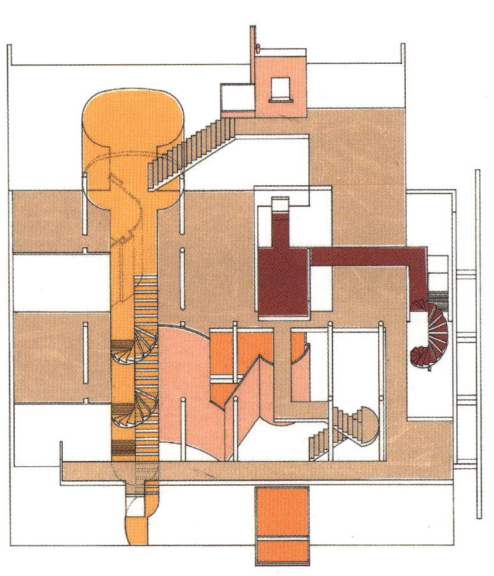

최욱, 빌라 가르슈 분석 프로젝트, 1986

움직이는 미학

최욱, 오브젝트 건축(팔라디오 열주랑 프로젝트), 1986

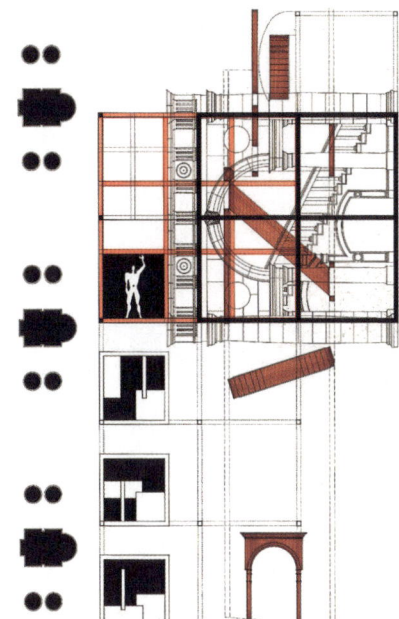

팔라디오, 바실리카 팔라디아나 열주랑 복도, 1614

도 새로운 기둥 열을 덧붙이는 제안을 했다. 이렇게 새것과 옛것은 여러 번 서로를 유추하며 하나의 공간을 만들 수 있다. 최욱의 도면은 분석적이고 아름답다. 공간, 구조, 형태가 체계를 이루면서 건축적인 프레임을 만드는 방법을 보여준다. 빌라 가르슈를 분석하는 단계에서 서양 건축에 익숙하지 않았던 유학생 최욱은 파리에 가서 집을 직접 봐야겠다고 생각했다. 하지만 레나는 파리에 가는 것을 불허했다.[66] "너의 감상"을 확인하는 것이 아니라 건축의 논리를 학습하는 것이 스튜디오의 목적이라는 이유였다. 체험 이전에 창의적인 드로잉으로만 건축의 체계를 터득해야 한다는 취지였다. 물론 스튜디오 과제를 마친 후에 가르슈 주택을 직접 보고 자신의 분석을 경험과 견줘보게 될 것이다. 건축 체계에 대한 지식, 현장의 총체적인 체험, 지식과 감각이 교차하는 실천적인 미학 교육이었다. 한국에서 최욱이 경험했던 이미지의 파편, 감성적인 언어와 대조적으로 레나의 교수법은 체계적이고 일관성 있었다.

    고전 건축과 현대 건축을 병치시킨 베네치아의 스튜디오는 한옥 작업을 하기 위한 준비 과정이었다고도 할 수 있다. 최욱이 우리나라에서 건축가로 성장하던 시기는 도시 한옥에 관한 연구가 본격적으로 진행되고 한옥을 보전해야 한다는 인식이 형성되던 시기다. 베네치아와 마찬가지로 북촌은 시간의 겹이 쌓여있다. 한옥의 체계가 서양 고전 건축의 체계와 다른 만큼, 북촌과 베네치아는 시간의 겹을 수용한 역사와 방식이 다르다. 하지만 베네치아 곳곳에 도시의 겹을 만들었던 건축가 카를로 스카르파의 작업이 언제나 새롭듯이, 학고재와 설화수의 집은 여전히 새롭다.[67] 이 집들이 지닌 미덕이자, 미학의 힘이다. 옛것과 새것이 겹쳐있는 모습이 지속적으로 낯설게 느껴지는 것은 그곳에 이질적인 것들의 만남이 있기 때문이다. 역사가 만드는 차이를 무마시키는 것이 아니라 드러내려 하기 때문이다.

최욱은 한옥을 건축의 체계로 접근해야 한다고 생각한다. 한옥은 목구조, 목구조 체계와 조율된 칸 및 채의 공간 단위, 그리고 다양한 바닥으로 이루어진, 서양 고전 건축과는 전혀 다른 종류의 건축 시스템이다. 한옥의 이런 기본 구성에 관한 생각은 한옥 연구자들의 해석이자 건축가로서 최욱의 입장이다. 목구조는 나무 부재가 서로 연결되어 있는 가구식 구조다. 기둥, 보, 서까래 등 부재를 못이나 철물 없이 부재 자체의 연결 조인트로 서로 끼우는 정교한 구법이다. 노출된 한옥 목구조의 아름다움은 나무 자체의 자연스러움과 함께 이런 결구 방식에서 비롯한다. 기둥은 초석 또는 기단에 올라서고 네 개의 기둥이 한 칸을 만들고, 칸은 모여 채를 이룬다. 한옥의 기본 공간 단위는 칸으로 구성된다. 칸은 공간, 기능, 구조, 그리고 바닥을 모두 아우른다. 바닥은 온돌(방房), 마루(청廳), 부엌의 생활 영역으로, 또 재료와 구법으

최욱과 101, 학고재 갤러리, 2007

학고재 갤러리 지붕 풍경

움직이는 미학

로 구별된다. 온돌은 천장이 있고 바닥이 따뜻해 내밀한 생활 공간이다. 마루는 나무 바닥과 지붕 구조가 노출되어 있으며, 상대적으로 공공의 영역이고 외부로 열려있다. 부엌은 흙바닥의 노동 공간이며 온돌보다 구들장 두께만큼 낮다. 채와 담은 땅에 적절하게 자리를 잡아 크고 작은 마당을 형성하고 이웃과의 관계를 조율한다. 한옥은 기본적으로 이런 요소와 체계로 이루어져 있다. 학고재와 설화수의 집은 이런 체계에 기반을 두고 각기 다른 방식으로 설계되었다.

학고재는 한옥의 기본 틀에 안팎으로 새로운 수직, 수평면을 덧붙였다. 길을 면한 외관에는 단정한 벽면을 만들었다. 기와지붕 바로 밑에 수평 창을 두고 외벽에 벽돌면을 덧붙였다. 100년 된 중국산 벽돌을 켜서 두꺼운 타일처럼 만든, 단감색 벽돌이다. 벽돌면은 한옥 옆의 작은 전시실, 골목 안으로 들어간 신축 전시관으로 이어져 길과 골목을 단단하게 만들어준다. 한국에서 익숙지 않은 단감색 벽돌과 한옥 지붕의 병치는 자연스러우면서도 유표적이다. 면을 구성하는 작업은 내부 공간으로 이어진다. 내부는 그림의 배경이 되는 하얀 벽면, 그리고 조명과 채광을 조율하는 천장면을 설치하였다. 한옥의 열린 지붕 구조를 일부 드러내고 일부는 가렸다. 필요에 따라 기둥을 없애기도 했고, 지붕을 받치고 있는 기둥은 하얀 벽면으로 덧씌워 벽과 천장의 기하학으로 편입되도록 했다. 평행했던 두 지붕 사이에 긴 천창을 두었다. 공간을 갈라놓을 수도 있었던 지붕 사이 틈새가 갤러리에 햇빛을 은은하게 스미게 하는 빛 상자가 되었다. 어색했던 긴 ㄷ자 한옥이, 통합된 내부 공간이 되었다. 외부에서 한옥 지붕과 가구식 구조가 조적식 벽면과 병치되었다면, 내부에서는 나무 부재가 기하학의 미학, 면과 빛의 미학과 병치되었다.

긴 갤러리를 지나 네모난 방으로 들어간다. 사무실을 개축하면서 바닥을 낮추어 천장이 높고 단정한 전시실을 만들었다. 긴 갤러리와 네모난 방 사이에 바깥 세계를 감지할 수 있는 틈새를 두었다. 틈새 한쪽 좁고 긴 창을 통해 경복궁 돌담길의 모습이 잡힌다. 맞은편 문으로 나가면 옥상으로 올라가는 계단과 별채로 이어지는 좁은 통로를 마주한다. 계단을 따라 옥상에 올라서면 박공지붕의 작은 다실을 만난다. 옥상에서 보는 인왕산, 경복궁, 한옥과 양옥이 뒤섞인 풍경은 학고재가 특별한 곳에 있다는 것을 알려준다. 인왕산이 아름답다고 말하면 모두 공감하겠지만, 북촌의 도시 풍경은 어떻게 표현해야 할지 단정하기 어렵다. 최욱에게 중요한 것은 이 동네의 작은 집을 잘 고치고, 그 옆의 작은 집, 그 위의 또 다른 집을 만들며 "마을 풍경"을 만드는 일이다.

설화수의 집도 동네 풍경을 만드는 것이 가장 중요했다. 다만 경사가 가파른 땅, 큰 규모의 4층 양옥 영역, 오설록과 연계된 복합적인 프로그램이 있어 학고재와 아주 다르다. 북

최욱과 101, '설화수의 집과 오설록 티하우스', 2021

최욱, 가회동 두 집(설화수의 집과 오설록 티하우스) 스케치, 2018

촌길에서 한옥을 거쳐 양옥의 하단부와 상층부로 이어져, 수평과 수직으로 깊은 공간이다. 이런 공간의 깊이에 따라 설화수 브랜드의 분위기와 다양한 면모를 구현했다. 건축가에게 주요한 방법은 한옥의 채를 투명하게 만들고 그 사이에 빈 마당과 통로를 두는 것이다. 학고재는 그림을 전시하기 때문에 막힌 흰색 벽면이 필요하지만 설화수의 집은 전시물이 대개 공간 가운데 테이블이나 단에 위치하여 투명한 벽이 잘 어울린다. 이런 겹의 공간을 만드는 건축 요소로 기단과 바닥, 창과 천장을 자세히 봐야 한다. 북촌길에서 두 한옥의 대지면이 약 1.5미터 올라서 있다. 북촌길, 마중과 전시의 공간으로서 한옥, 그리고 설화수 매장까지의 시퀀스를 연결하는 것이 기단의 역할이다. 기단은 높이가 다른 바닥을 연결하고 공간의 표정을 만든다. 한옥 내부는 테라초와 콘크리트로, 외부는 주로 화강석으로 바닥과 기단을 조성했다. 육면체 통돌로 한옥 안팎의 경계를 두르고, 작은 정사각형, 또는 긴 직사각형 박석이 방문자의 움직임에 동반한다. 안과 밖의 열린 관계는 건축가가 견지하는 한옥의 또 한 가지 원칙이다. 실내외는 단단한 벽으로 갈라지기보다 "점선" 같은 경계로 구분될 뿐이라고 최욱은 말한다.[68] 그래서 기단과 바닥이 안과 밖의 경계를 만들 때 같은 부재가 실내와 실외에 걸쳐 있도록 한다. 건축가의 말을 빌려 표현하면, "단면 자체의 계획을 잘하면 가장 중요한 건축의 얼굴"이 된다는 원리가 적

용된 것이다.[69]

　기단과 바닥을 근간으로 투명한 한옥을 만들고자 했다. 쉬운 방법은 기둥에 창을 끼우는 것이다. 하지만 한옥 목구조의 틀이 온전하게 존중되어야 한다는 건축가의 오래된 원칙에 따라 전면 창을 기존 한옥 기둥과 구분하여 반독립적으로 설치하였다. 북촌길에 면한 채처럼 기둥 열 바깥으로 완전히 분리되어 있거나, 방문객을 안내하는 '응접실'처럼 기둥에 덧댄 목재 멀리언 틀이 유리면을 잡고 있다. 창의 상단에는 내외부를 관통하는 목재 천장면을 두어 바닥 화강석처럼 안팎을 이어준다. 새로운 천장은 조명 기구를 설치할 수 있으며, 지붕 아래 숨어있는 설비의 바닥면이 되기도 한다. 북촌길에서 한옥 안팎을 지나 깊은 내부 공간으로 진입한다. 계단을 올라 흐드러진 정원을 곁에 둔 양옥 '설화살롱'을 지나 오설록 티하우스로 올라가면, 내가 걸어온 공간과 더불어 북촌 풍경을 다시 돌아보게 된다. 바닥, 벽과 기둥, 천장과 지붕의 디테일은 도시 속 순환의 산책과 함께한다.

　최욱의 작업은 섬세하면서, 대담하고, 체계적이다. 고치고, 덧붙이고, 새로 짓는 명쾌한 논리가 있다. 한옥의 주요소와 부차적 요소의 위계가 분명하다. 작은 것들로 큰 것을 만들 때 작은 것들의 차이를 드러낸다. 재료와 구법이 달라졌을 때 서로의 차이를 명쾌하게 보여준다. 한옥의 기본 골격을 지키면서 벽면, 천장, 유리창 등의 요소를 병치시키고 비

설화수의 집

움직이는 미학

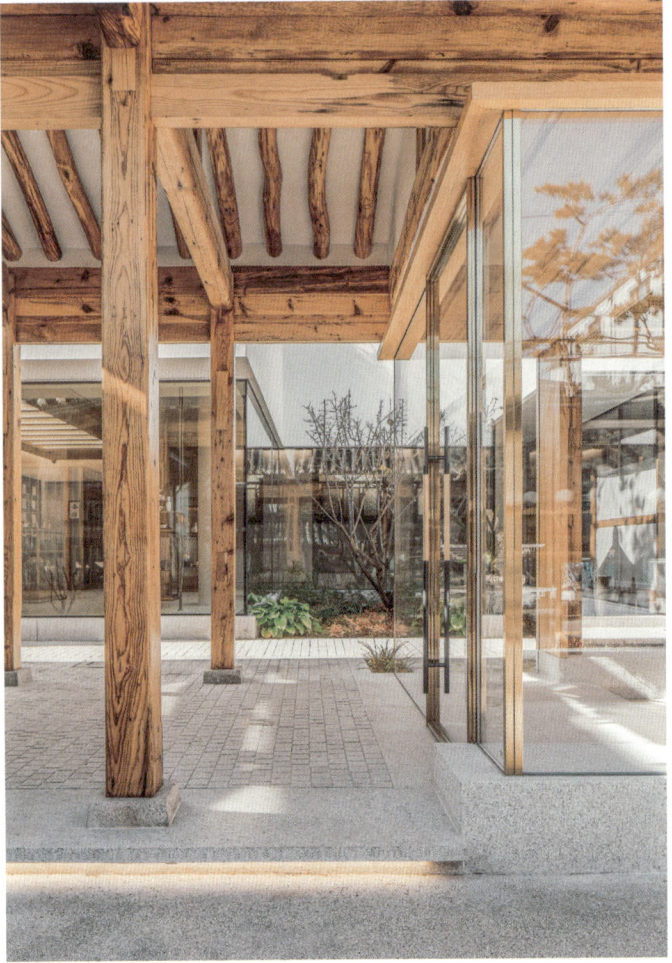

설화수의 집, 창문과 바닥 디테일

움직이는 미학

설화수의 집, 실내 기둥과 보 디테일

오설록 티하우스 테라스

움직이는 미학

례를 섬세하게 바꾼다. 이런 태도와 방법론은 모든 부분이 "한옥다워야 한다"라는 직설적인 원리주의와도 다르고, 원칙 없는 무분별한 개조와도 다르다. '새로 만든 부분은 원형과 명확히 구분되어야 한다'라는 유네스코 문화유산 보존 원칙을 따르기 위해서, 또한 "한옥의 공간에서 경험할 수 있는 미학적인 요소들을 강조하기 위해서" 옛것과 새것의 차이를 명확하게 하는 것이라고 건축가는 말한다.[70] 최욱은 모든 작업에서 이런 미학을 일관되게 지켜왔다. 한옥이든 현대 건축이든 그가 견지하는 원칙이다. 감각의 문제가 중요한, 감각이 뛰어난 한국 건축가다.

바실리카 팔라디아나는 아름답다. 팔라디오가 직접 쓴 저서를 포함하여 고전 건축과 팔라디오에 관한 500년간의 연구와 체험이 그 아름다움을 이야기해 준다. 그렇다고 해서 보는 이들마다 미적 쾌감을 느낀다는 뜻은 아니다. 신라 시대의 반가사유상도 아름답다. 최욱은 국립중앙박물관 '사유의 방'에 관해 설명하면서 반가사유상의 미학을 설득력 있게 전한다.

> 우리가 석고 데생을 할 때 비율이 굉장히 중요하잖아요. 그다음에 그림자가 중요해요. 그런데 반가사유상은 석고 데생이 안 그려집니다. 그것은 전혀 다른 매체로 드러낼 수밖에 없기 때문입니다. 그래서 가장 중요한 콘셉트는

반가사유상이란 입체로서 형상물이 아니라 마음의 심상 같은 대상으로 만들어내는 전반적인 분위기입니다.[71]

이미 100여 년 전부터 많은 미술사학자와 고고학자가 반가사유상의 미학을 논했다. 반가사유상 78호와 83호에 대한 아무런 문헌 자료가 없지만 석굴암과 함께 우리나라에서 가장 많은 담론을 유발한 유물일 것이다. 제작국, 제작 시기, 출토 상황, 그리고 그 미학에 이르기까지 오랜 논란과 논의가 현재까지 이어지고 있다. 일제강점기 일본 관학자들이 서양 미학에 대한 강박관념으로 동아시아의 옛 미술을 서양의 비례미로 분석한 시기가 있다.[72] 최욱은 이런 서구 중심적인 미학을 비판한 것이고, 반가사유상의 21세기 공간을 만드는 건축가 관점에서 그 미학을 말한 것이다. 물론 그의 인식도 불변의 진리가 아니다. 역사는 아름다움에 대한 인식이 계속 변한다는 사실을 가르쳐 준다. 이렇게 움직이는 미학 속에서 최욱의 한옥 작업을 아름답다고 말하는 것은 무슨 의미일까?

건축을 매체에 소개할 때 가장 손쉬운 방식은 그 아름다움을 찬미하는 것이다. 꽃보다 아름답다는 구절처럼 건축이 아름답다는 말도 대개 우리에게 익숙한 관습적인 표현이다. 추함도 마찬가지다. 아름다워 소중히 해야 한다는 논리와 함께 추하기 때문에 없애야 한다는 논리를 경계해야 한다.

1990년대에 한옥을 체계적으로 보전하자는 움직임이 일기 시작했을 때 한국 사회 전반, 정책 입안자, 공무원, 부동산 개발업자, 일반 시민까지, 그들 가운데 한옥이 아름답다고 생각한 이들은 많지 않았다. 민원의 대상, 부동산 개발의 걸림돌, 불편한 생활의 기억 등이 그런 인식의 근간이었다. 예나 지금이나 부동산 개발을 하려는 대상지를 "흉물"로 규정하는 논리가 역사를 지우는 데 사용된다. 아름다움에 대한 과거 인식에 도시 정책을 맡겼다면, 북촌의 한옥은 사라진 지 오래되었을 것이다. 한옥의 아름다움이 통념이 되어버린 지금, 30년 전에 한옥을 없애려고 한 사람들에게 다시 물어보면 모두 아름답다고 말은 할 것이다. 하지만 정말 그렇게 느끼는 것일까? 미학은 예술, 디자인, 건축에 국한된 문제가 아니다. 미학은 감각의 세계, 그러니까 신체의 문제이기 때문에 우리의 몸이 언제, 어디서, 어떻게 자리 잡고 있느냐와 직결된다. 폭력적인 정치가의 언사가 많은 사람의 주목을 받도록 기획하는 것도 미학의 문제이며, 도시에 엄연히 존재하는 쪽방촌을 소수만 인지하도록 숨기는 것도 미학의 문제다. 보고 싶지 않아도 보게 만들고, 봐야만 하는데도 보지 못하게 한다. 감각은 부인할 수 없는 힘을 갖고 있기 때문에 권력과 시장의 가장 중요한 통제 영역이다. 미학은 세상을 뒤흔들어 놓을 수 있다.

    최욱은 건축을 "감각으로 만들어진 삶의 이미지"라고 말

최욱과 101, 국립중앙박물관 사유의 방, 2021

움직이는 미학

한다. 감각, 창작, 삶, 이미지, 모두 존재론적 영역이자 원칙적으로 열려있는 세계다. 그래서 그가 추구하는 미학은 열린 미학이다. 최욱의 한옥은 아름다운가? 이 질문은 한옥 자체에 대한 질문이 아니다. 모두 한옥으로 이루어진 600년 전 도시가 아니라 굴곡의 역사가 겹겹의 공간을 만든 현재에 관해 묻는 것이다. 현대 사회에서, 한국의 도시에서, 건물 그 자체가 아름답다는 것이 무엇인지 우리는 잘 모른다. 학고재와 설화수의 집처럼, 하나의 미학이 아니라 여럿의 미학이 동시대의 이슈다. 최욱의 건축에서 부분과 부분, 그 관계에 대해서는 말할 수 있다. 학고재와 설화수의 집, 빛을 들이고 발산하고 또 그림자를 만드는 벽면과 천장, 창과 창틀이 아름답다. 벽돌과 철판, 돌과 나무가 만날 때 들이는 정성을 안다면 아름다움을 느낄 것이다. 하지만 이질적인 것들이 만드는 북촌의 풍경이 아름답다고 하기에는 아직 공부하고 생각하고 이야기 나눌 것이 많다. 게다가 옛것과 새것이 섞인 도시는 계속 변하는, 진행형의 환경이다.

    도시의 아름다움이 무엇인지 모른다고 하는 것은 모든 것을 다 안다는 예지자들의 개발 논리 앞에서 위태롭기 짝이 없다. 우리는 이들의 욕심으로 돌이킬 수 없는 많은 것을 잃었다. 도시마다 위기의 종류는 다르다. 이미 오랫동안 가라앉고 있는 베네치아는 해수면 상승과 과잉 관광으로 절체절명의 위기에 처했다. 정치가, 행정가, 엔지니어, 건축가, 미술사학자 등이 다투고 또 협업하면서 도시를 살리려고 안간힘을 쓰고 있다. 우리는 또 다른 종류의 문제를 앞에 두고, 수많은 사람의 노력이 필요한 상황이다. 지속 가능한 도시를 만드는 과정에서 최욱의 건축은 귀한 역할을 하고 있다. 아름다운 집 몇 채가 서울 같은 대도시에서 무슨 역할을 하겠느냐고 반문할 수 있다. 설화수의 집이 "우리나라 리노베이션 프로젝트에 중요한 표준 사례"가 되었으면 한다는 건축가의 말에서 알 수 있듯이 우리는 옛것과 새것의 공존 방법을 배우는 중이다.[73] 베네치아건축대학교 마우로 레나의 스튜디오처럼, 최욱의 건축에는 이런 지식의 체계가 감각의 세계와 함께한다. 최욱의 미학이 자극적인 정치의 미학이나 진부한 통속의 미학과 다른 점이다. 아름다움이 힘을 발휘하기 위해서는 대화와 인내가 필요하다. 대화는 지식의 세계에서 가능하고 학습에 필요한 시간은 사회가 만들어주어야 한다.

동시대 도시 건축은 사막을 오아시스로 만들지 않는다.
불안한 것을 안전한 것처럼 위장하지 않는다.
위장하지 않지만 도시를 살 만한 곳으로 만들고 그 역동적인 변화를 담아낸다.

동시대 건축의 즐거움 — 임재용과 OCA

집은 살기 위한 기계다.

— 르코르뷔지에, 1923[74]

건축은 시대를 반영한다. 경제, 사회, 문화, 기술 등 시대 상황은 시시각각으로 변한다. 건축가들에게는 그러한 시대의 변화를 감지하고 그것을 건축으로 담아내고 싶은 강한 욕망이 있다. 건축가가 그러한 작업을 할 수 있다면 그의 건축 작업이 역사적으로 어떤 평가를 받느냐를 떠나서 그것은 즐거움 그 자체이다.

— 임재용, 2015[75]

"건축은 시대를 반영한다." 너무 당연한 말이다. 당대의 기술력, 사회 규범, 경제적 조건을 벗어나 건축이 구현될 수 없기 때문이다. 오히려 주시해야 할 것은 단지 세상의 거울이 아니라 변화하는 세상의 기제로서 건축이다. 임재용도 이런 건축의 역할을 잘 알기에 "시대의 변화를 감지하고 그것을 건축으로 담아내고 싶은 강한 욕망"을 드러낸다. 사무실 이름을 'Office of Contemporary Architecture(OCA)', 동시대의 건축을 수행하는 조직이라고 지은 이유도 여기에 있다. 그런데 21세기에 진행되는 근본적인 사회, 기술, 환경의 변화에 건축이 대응하고 있는가? 봉건 시대에는 세상이 바뀐다고 생각하지 않았다. 사회가 근본적으로 바뀔 수 있다는 인식은 근대에 탄생했다. 건축이 시대의 변화에 대응할 뿐만 아니라 이를 주도해야 한다고 믿었던 20세기의 대표적인 건축가가 르코르뷔지에였다. 건축이 변화를 담기 위해서는 "기계"가 되어야 한다고 극적으로 주장했다. 1907년 험버 자동차의 박스 모양이 1921년 들라주의 유선형 디자인으로 변해 간 것처럼, 고대 그리스 초기의 뭉뚝한 파에스툼 신전이 진화하여 절정기의 파르테논에서 완성된다는 게 르코르뷔지에의 논리였다. 상용화되기 시작한 자동차를 건물 설계에 수용하는 것에서부터 건축의 은유적 표현까지, 르코르뷔지에는 '기계 건축'의 선구자였다.

임재용은 르코르뷔지에의 후예다. 역동하는 사회를 담아내려는 의지에서부터 기계 같은 건축을 이끄는 건축가로서 충분한 자격이 있다. '서울석유', '한유그룹 사옥' 등의 "진화하는 주유소", '현대 수소자동차 충전소', '아모레퍼시픽 상해 뷰티 캠퍼스'와 'HK 도약관' 같은 첨단 공장-오피스 시설, 파주출판도시 2단계 인쇄소, 인천 공항에 인접한 반려견 호텔 등 사람, 사물, 기계, 동물이 공존하는 건축을 실천해 온 건축가다. 복합적이고 변화가 많은 기능을 수용해야 하는 프로젝트들이지만, 이를 가능케 하는 건축 장치들은 의외로 간단하다. 20세기 초반 젊은 르코르뷔지에가 "집은 살기 위한 기계"라고 설파했던 시대에도 이미 갖추어진 장치들이다. 건물의 기계 설비를 포함하는 동시에 근대적인 구조 시스템이 가능케 했던 공간 장치다. 임재용의 여러 작업 중에서 서울 중심에 위치한 두 개의 사옥, 장충동의 서울석유와 성수의 '클리오 사옥'을 보며 대도시에서 동시대 건축의 공간 장치가 무엇인지, 어떻게 작동하는지 보도록 하자.

1990년대 초반 주유소 거리 제한 제도가 폐지된 이후 서울에는 세계 어느 도시보다 많은 주유소가 생겼다. 주유소 간 경쟁이 치열했고 지하 생태 손상과 재해 가능성도 커졌다. 도심 주유소는 대개 큰길가에 놓여있기 때문에 도시가 개발되면서 대단히 비싼 땅을 점유하게 된다. 수십 년간 장충동에 자리 잡았던 서울석유는 주유소를 유지하면서 땅의 개발 잠재력을 살리고자 했다. 안전에 관한 여러 법규에 맞추어 1·2층 주유소, 3층 실내 주차장, 4·5층 임대 사무실, 그리고 6·7층은 건축주인 서울석유의 본사 사무실로 사용하고 있다. 2008년 임재용은 고밀도 대도시에서나 볼 수 있는 복합적인 건축을 명쾌하게 실현했다.

클리오 사옥 역시 역동적인 환경에서 세워졌다. 1993년

임재용과 OCA, '서울석유', 2008

회사 설립 이후 꾸준히 성장해 온 중견 화장품 기업 클리오의 본사 사옥이다. 모든 산업과 마찬가지로 화장품은 기술과 세계 시장의 변화에 민감하다. 인터넷 상거래의 확장과 코로나 팬데믹으로 도시 매장은 예고된 종말을 맞이하고 있다. 재택근무, 고용의 축소, 대형 생산 시설에 대한 재검토를 포함하여 산업마다 제조, 유통, 판매 시스템이 조정되고 있다. 코로나 사태 이전 사드 배치에 따른 중국 쇼크로 중국에서 클럽 클리오 매장을 철수한 상황이었다. 이런 위기에도 불구하고 인터넷 기반의 가볍고 강한 기업을 추구해 온 클리오는 아시아권 젊은 소비층을 중심으로 지속적인 성장을 해왔다. 하드웨어 투자를 최소화하며 성장했던 클리오가 성수에 본사 사옥을 신축하면서 건축을 통해 기업 브랜딩의 첫발을 내디뎠다.

서울석유와 클리오 사옥의 공통 과제는 변화 속에서 성장한 회사의 현재와 미래를 위한 건축 공간을 만드는 것이었다. 층별 기능의 배치, 도시적 맥락에서 외관, 그리고 무엇보다도 자동차를 어떻게 다루느냐 하는 과제들이었다. 두 사옥 모두 지상부가 3단으로 구성되어 있고 지상층과 상층부 사무실 영역 사이에 주차장을 두었다. 지하 주차장을 만들지 않고, 서울석유는 3층, 클리오는 4~6층에 주차 구역을 배치하였다. 대지의 규모가 지하 진출입 램프를 만들기 어렵다는 공통점은 있으나 주차장을 지하에 두지 않은 이유는 서로 다

임재용과 OCA, '클리오 사옥', 2019

르다. 서울석유는 유류 저장 탱크를 지하에 두어야 하고 건물 후면의 높은 도로에서 건물로 바로 접근이 가능하여 주차장을 3층에 배치했다. 클리오 사옥의 경우 엘리베이터와 계단 코어를 한쪽으로 몰고 카 리프트로 주차장에 진입하게 했다. 지상 주차 공간이 용적률 산정에서 제외된다는 점을 이용하여 장차 주변에 올라갈 고층 타워 사이에서도 사옥의 존재감을 확보할 수 있었고, 저층부에서 도시와 연결을 도모할 수 있었다.

서울석유 바로 옆에는 경동교회라는 유명한 이웃이 있다. 경동교회는 교회만큼이나 건축도 잘 알려져 있다. 거친 붉은 벽돌로 치장한 과감한 조형, 20세기 한국을 대표하는 건축가 김수근의 대표작이다. 임재용이 설계한 주택들은 대개 파격적인 형태인데, 서울석유의 외관은 간명하다. 서울석유 사옥은 복합적인 기능으로 구성되어 있지만, 그 사실을 외관에서 직설적으로 드러내지 않았다. 균질한 철망사를 외관에 둘러 의도적으로 단순한 상자를 만들었다. 유리 입면은 경박할 수 있어 경동교회의 이웃으로 부적절하다는 건축가의 탁월한 판단이었다. 얇고 반투명한, 그러면서도 터프한 회색 커튼을 둘러쳐 경동교회의 붉은 벽돌에 대응했다. 철망 커튼은 공장용 컨베이어 벨트에 사용되는 대량 생산 제품이다. 큰길에서 서울석유 사옥을 바라볼 때 방향과 거리에 따라 철망 패턴이 달라진다. 햇빛의 각도에 따라, 건물 내부의

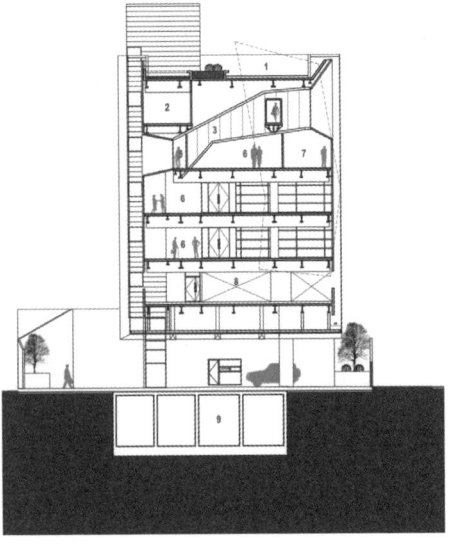

서울석유 단면도

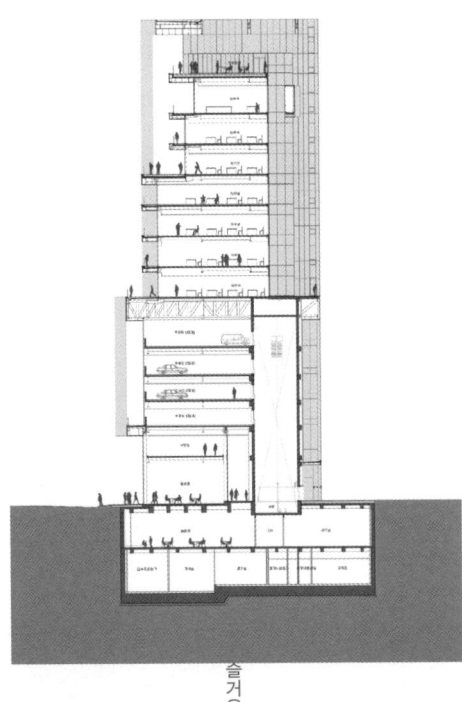

클리오 사옥 단면도

즐거움

서울석유 철망 스크린

클리오 사옥 수평판

임재용과 OCA

조명에 따라, 철망이 따뜻한 빛을 내기도 하고 아예 없는 것처럼 보이기도 한다. 집 안에서 밖을 바라볼 때 철망은 도시의 풍경을 조율하는 장치다. 임재용과 김수근은 전혀 다른 시대에, 전혀 다른 건물을 바로 옆에 설계했지만 둘 다 재료의 힘을 아는 건축가다. 경동교회의 투박한 무거움에, 서울석유는 반투명의 가벼움으로 대응하였다. 경동교회를 받아들이는 것이 도시적 맥락에서 서울석유의 존재감을 확보하는 것이라고 생각했다. 서울석유는 굵고 직설적인 경동교회의 조형에 한발 물러서면서 자신의 개성을 지키고 있다. 건물 내부의 복합적인 단면을 드러내지 않는 서울석유와 달리 클리오 사옥에서는 저층부, 주차장, 오피스의 구성을 과감하게 분절된 백색 덩어리로 표현하였다. 서울석유가 이웃에 대해 겸손한 외모를 가졌다면, 클리오 사옥은 장차 세워질 크고 높은 이웃과의 관계에서 자신을 좀 더 돋보이게 하는 외형을 갖추었다.

서울석유와 클리오 사옥 모두 자동차를 위한 공간이 흥미롭다. 클리오 사옥은 건물의 규모를 키우는 전략도 있었지만 사람과 차의 관계가 장차 변할 것이라는 전제로 설계했다. 특히 6층 주차장은 1층 카페 공간처럼 표준 층 천장고의 두 배 높이를 확보하였다. 회사가 성장하여 사무 공간이 더 필요할 경우, 회사 조직이 변하고 도시 브랜딩이 필요할 때, 소음과 매연이 없는 모빌리티가 보편화된 상황을 전망하는 공간이다. 머지않은 미래, 클리오 사옥이 대내외적인 변화에 적응하는 모습이 6층에서 나타날 것이다. 물론 서울석유의 지상층은 자동차 주유를 위한 공간이다. 세차장 출구와 주유 공간 사이에 있는 1층 출입구로 건물에 들어가려면 주유소의 소음과 공해, 혼잡 사이를 가로질러 가야 한다. 하지만 엘리베이터를 타고 올라가 문이 열리는 순간 다른 세계로 들어선다. 넉넉하고, 재료의 질서가 차분한 사무 공간이다. 여기서 일하고 있으면 주유소 위에 지어진 집이라는 사실을 잊어버린다. 석유 분자는 공기보다 밀도가 높아 냄새가 올라오지 않고, 창으로 들어오는 도시의 일상적인 소음도 철망사 커튼이 한 번 더 걸러주기 때문에 들리지 않는다. 다시 1층으로 내려가는 순간 주유소의 시끄러움, 냄새, 그 황량함에 충격을 받는다. 어떻게 이렇게 쉽게 내 발밑을 망각할 수 있을까?

서울석유와 클리오 사옥은 전혀 다른 요구 조건에 따라 구현되었지만, 이를 충족시킨 건축의 기본 장치는 동일하다. 바로 수평 바닥과 수직 기둥이라는 구조-공간 시스템이다. 클리오 사옥의 분절된 외관, 하늘로 열린 테라스, 다양한 층고는 수평판의 모양과 단면을 자유롭게 조정하며 쌓아 올리는 속성이 만들어낸 결과다. 서울석유는 층간의 시선과 소음을 차단하는 수평 바닥으로 주유소, 주차장, 사무실의 공존이 가능하다. 우리는 수평 바닥과 수평 천장 사이에서 생활하면서 위와 아래에 대한 의식이 거의 없어졌다. 고개를 들어 하늘을 쳐다볼 일도 없고 땅을 내려다볼 필요도 없다. 전망이 확보되고 있는가, 남이 나를 쳐다보는가, 도시에서 귀한 해와 바람이 창을 통해 들어오는가? 우리의 시선과 관심은 수평에 있다. 아파트에 살면서 층간 소음 문제가 없다면, 가끔 엘리베이터에서 나누는 이웃과의 인사를 제외하면 위아래를 의식하지 않는 도시적 삶의 양상이다.

수평판이 반복되기만 하는 한국 아파트 공간은 경직되어 있지만, 수평판은 본질적으로 유연하고 변형이 자유로운 시스템이다. 클리오 사옥은 수평판의 변형이 외관에서 뚜렷하게 나타나는 반면 서울석유는 6·7층 회사 전용 사무 공간에서 그러한 변형이 이루어진다. 임재용은 바닥판으로 분리되어 있는 두 층을 이어주기 위해 7층 바닥을 뚫어 6층을 관통하는 유리 터널을 만들었다. 6층과 7층 사이가 열리면서 두 층의 사용자들이 일정한 시선을 공유하게 된다. 6층으로 뚫린 창틀 액자에는 경동교회가 담겨있고 7층으로 뚫린 터널의 다른 한쪽 끝에는 하늘과 구름이 담겼다. 다양한 사용자를 수용하는 건물에서 이곳은 서울석유 커뮤니티의 중심 공간이다. 수평판은 자신을 관통하는 이색 조형과 커뮤니티를 통합하는 장치를 받아들인다. 이런 유연한 수평판은 장차 전기차와 자율 주행차가 대세가 될 가까운 미래에서도 역할을 할 것이다. 주유소와 유류 저장 탱크가 없어진 서울석유의 저층부, 자동차와 사람을 태워주던 클리오 사옥의 리프트가 로

봇과 자율 주행 장치를 이동시키는 모습을 쉽게 상상할 수 있다. 사람의 운전, 출근, 노동을 기계가 대신할 때, 자유로운 평면과 단면이 대응하는 모습을 머지않아 보게 될 것이다.

수평판 시스템이 지금은 대부분의 도시 건축에 쓰이지만, 19세기에는 철근 콘크리트·철골 구조와 함께 문명사의 혁명적인 발명품이었다. 수직 구조를 최소화한 오픈 플랜, 자유로운 단면의 변형, 수직 이동을 위한 계단 및 기계 장치를 수용하는 공간과 구조 시스템이다. 임재용의 표현을 빌리자면 "빈 그릇"을 만드는 가장 수월한 건축 장치다. 그의 특별한 능력은 경직될 수 있는 이런 보편적 장치를 변형하고 조정할 줄 아는 것이다. 100년 전 르코르뷔지에는 수평 슬라브 시스템을 "돔이노 프레임"이라고 명명하면서 새로운 건축의 속성을 제안하였다. 그가 말한 "살기 위한 기계"는 바로 돔이노 프레임을 이용하여 구현된 것이었다. 기계 건축은 건물 자체가 기계 모양이거나 기계처럼 작동하는 것이 아니라 사용자, 프로그램, 설비의 변화를 수용할 수 있는 건축을 말한다.

동시대의 건축은 기계이기에, 도시의 거주자들에게 시골의 푸근함과 향수를 제공해 주지 않는다. 동시대 도시 건축은 사막을 오아시스로 만들지는 않는다. 불안한 것을 안전한 것처럼 위장하지 않는다. 모르는 이웃 사이에서 공공의 법과 윤리를 기반으로 서로 존중하는 것이 도시적 삶이다.

임재용과 OCA, 한유그룹 사옥, 2009

주유소는 우리가 원하는 이웃은 아니다. 주유소는 운전자에게 오아시스지만 도시의 보행자에게는 사막이다. 이것이 도시적 삶의 기본이다. 동시대의 건축은 도시적 삶을 위장하지 않지만 도시를 살 만한 곳으로 만들고 그 역동적인 변화를 담아내야 한다. 다양한 사람이 다양한 사물과 함께 산다는 것을 인식시킨다. 사람, 동물, 기계, (바이러스를 포함한) 사물의 분포가 변하고 있다. 임재용은 건축이 자동차, 기계, 책, 동물, 석유, 화장품, 사람, 다종다양한 사물의 공존을 도모할 수 있다는 것을 보여준다.

그러면서도 임재용의 건축에는 아름다움이 있다. 르코르뷔지에의 기계 같은 집은 아름다운 집이다. 여유로운 전원의 아름다움이 아니라 역동하는 도시의 긴장 관계가 만들어내는 미학이다. 다시 말해서, 단지 변화의 증상이 아니라 변화에 응하는 건축의 미학이다. 임재용이 말하는 "욕망"과 "즐거움"이 여기서 나온다. 사물의 분포가 변할 때 공간의 변화만큼 중요한 것은 새로운 분포를 수용하는 태도다. "시대의 변화를 감지하고 그것을 건축으로 담아내고 싶은 강한 욕망 (…) 그것은 즐거움 그 자체이다." 임재용은 자신의 즐거움에 대해 말하고 있지만 건축주와 사용자, 더 나아가 사회의 즐거움을 이야기한 것이다. 개인이든 기업이든 집을 짓는다는 것은 큰 부담이다. 많은 투자를 하면서, 나와 세상의 필연적인 변화에 무거운 건물이 대응할 수 있을지 걱정하기도 한다. 하지만 좋은 집을 만들고 사용하는 과정에는 욕망과 꿈을 실현해 가는 즐거움이 있다. 비평가도 서울석유와 클리오 사옥을 보는 즐거움이 있다. 이것을 '희망'이라고까지 부르지는 않겠다. 새로운 사물의 분포가 만드는 세상에서 함께 살아 나갈 수도 있겠다는 가능성을 봤다고 말하겠다.

보이지 않는 건축 — 최문규와 가아건축

창에 비치는 석양빛,
방에서 노는 아이들의 목소리,
마당의 향기….
건축이 가능하게 하지만
건축을 의식하지 않는 순간들이다.
건축이 일상에 녹아 보이지 않을 때,
건축은 제 역할을 하고 있다.

최문규: 나는 건축가니까 "내 작품을 즐겨라" 하기보다는 앞으로 건물을 사용할 사람들과 함께 굳어버린 얼음덩어리가 아닌 다른 세계를 꿈꾸고 싶어요. 그러다 보니 내가 잘 드러나는 "내 건축"을 만드는 것에는 관심이 적어요. 내가 설계한 집이 예쁜지, 그 비례가 좋은지는 평가도 어렵고. 내가 틀렸을지도, 설계를 못 할지도 모르니까요. 그것보단 땅이 이렇게 생겼을 때 어떻게 설계를 해야 하는지, 프로그램의 배열을 바꾸는 방법은 없는지, 구조와 재료의 새로운 해법이 있는지 같은 질문을 하는 것이 즐거워요.

배형민: 건축에 대한 질문이 우리가 사는 세상에 대한 질문이죠. 그러면 내가 하는 일이 건축인지 아닌지가 중요하지 않아요. 그럼 "건축이란 무엇인가? 좋은 건축이란 무엇인가?" 그런 자기 집착과 관념적 원리주의가 무의미해져요.

— 『의심이 힘이다: 배형민과 최문규의 건축 대화』, 2019[76]

이태원로를 걸어간다. 패션 스토어, 카페와 식당, 사람과 간판, 볼거리가 끊이지 않는다. 어느 순간, 빽빽하게 이어지던 쇼윈도가 사라진다. 하늘과 구름이 보인다. 한강 건너 강남의 스카이라인, 그 너머 관악의 산세, 넓은 도시 풍경이 열려있다. 눈을 돌리면 높은 창을 통해 LP판으로 가득 채워진 3층 수납장이 보인다. 그 앞마당에는 젊은이들이 삼삼오오 같은 풍경을 즐기고 있다. '현대카드 뮤직 라이브러리'에 온 것이다. 건축가 최문규는 건물을 설계했다기보다 그의 말대로 "도시의 틈"을 만들었다. 현대카드 뮤직 라이브러리를 설계하기 10년 전, 최문규는 인사동길에도 빈 공간이 주인공인 건물을 설계했다. '쌈지길'은 인사동에서는 규모가 있는 시설이지만 역시 눈에 들어오지 않는다. 큰길가에 면한 쌈지길 가게들은 작은 한옥처럼 잘게 나누어져 있다. 작은 가게들을 지나 골목으로 들어가듯 열린 마당으로 들어선다. 마당을 배회하고 램프를 거닐면서 쌈지길에 왔다는 것을 알게 된다. 쌈지길과 현대카드 뮤직 라이브러리는 멀리서 찍은 사진으로 봐야 주변 건물과 얼마나 다른지 알 수 있다. 수려한 외관이 장소를 말해주는 것이 아니라, 비어있는 풍경으로 이곳이 어딘지 알려주는 건축이다. 빈 공간을 자유롭게 다니는 사람들, 그들이 이곳의 기호다. 우리에게 친숙한 뮤직 라이브러리와 쌈지길에는 눈에 띄지 않는 건축의 힘이 있다. 그것을 만드는 힘을 가진 건축가가 최문규다.

보이지 않는 건축

최문규와 가아건축, 현대카드 뮤직 라이브러리, 2015

최문규와 가아건축

현대카드 뮤직 라이브러리

현대카드 뮤직 라이브러리 자리에는 당초 세지마 가즈요의 설계로 복합 문화 콤플렉스 '현대카드 홀'을 지을 계획이었다. 2014년 세지마의 디자인에 따라 지하 구조가 올라가던 도중 프로젝트가 돌연 취소되었다. 현대카드는 새로운 프로그램을 개발하고 이미 지은 하부 구조 위로 들어설 건물을 재구상해야 하는 상황이었다. 일본 사무실의 디자인을 국내 현실에 맞추도록 도와주는 로컬 아키텍트 역할을 하고 있던 가아건축과 최문규가 프로젝트를 이어받게 되었다. 지금의 뮤직 라이브러리, 언더스테이지, 녹음 스튜디오가 전제되기도 전에 먼저 건축 설계를 바꾸어야 했다. 현대카드는 프로젝트가 어떻게 될지 모르니 저예산 가건물을 설계해 달라고 요청했다. 최문규는 건축주에게 이런 요구를 받은 뒤, 도시와 건축에 대한 본질적인 질문을 하며 접근했다. "건물로 막힌 도시 가로변에 새로운 건축 대안이 있는가?" 축대 옆으로 반이 묻혀있는 구조 위로 도시를 열어주는 큰 창을 만들자. 시민들이 도시의 창을 만끽할 수 있도록 마당을 두자. 우리나라에서 가장 비싼 땅이지만 비워두자. 그것은 건축주에게도 좋은 일이다. 건축가의 명쾌한 해답을 현대카드가 받아들였다. 최문규는 이곳을 "옥탑방"이라고 부른다. 이태원로에 올라선 옥탑방을 녹음 스튜디오로 사용한다는 초기안도 있었지만 뮤직 라이브러리의 상징이 된 투명한 음반실을 두는 현명한 결정을 했다. 잠시 사용할 줄 알았던 가건물이 이태원의 명소가 된 것이다.

쌈지길도 우여곡절을 거쳐 실현되었다. 1990년대 패션의 아이콘 쌈지가 만든 공간이다. 가방과 액세서리로 국내 패션 브랜드가 성공할 수 있다는 것, '딸기가 좋아'처럼 한국도 캐릭터를 만들 수 있다는 것을 보여준 앞선 기업이었다. 쌈지는 현대카드보다 10년 먼저 음악과 미술을 후원하며 아트 마케팅을 개척한 브랜드였다. 지나친 확장으로 쌈지는 2010년 부도가 났지만, 쌈지길을 지을 당시에는 브랜드 전성기였다. 2001년 화재로 소실된 영빈 가든의 땅과 주위 가게들을 사들여 상업, 문화, 브랜드, 역사 도시를 모두 포섭하는 공간을 구상했다. 뮤직 라이브러리를 지을 때처럼 최문규의 발상은 명료했다. 이태원에서는 바닥, 창과 벽, 천장, 넓은 면으로 내외부를 규정했다면 쌈지길은 선형의 움직임으로 풀었다. 인사동길을 건물 안으로 끌어들인다. 끌어들인 길이 건축을 만든다. 하늘에 열린 마당을 가운데 두고 살짝 기울어진 램프를 따라 쇼핑하고, 사람을 구경하고, 바뀌는 도시 풍경을 즐긴다. 아주 효과적인 상업 전략이기도 하다. 가로에 면한 매장은 보행자와 접촉이 많기 때문에 임대료가 더 비싸다. 쌈지길은 4층까지 가게들이 밀집되어 있지만 모두 길과 만나는 셈이다. 건축이 길이 되고 길이 건축이 되었기 때문에 공적인 가로과 사적인 건물의 구분이 없어진다. 건축가 민현식은 "길을 건축화했다기보다, 건축을 길로 구축"했

최문규와 가아건축, 쌈지길, 2004

인사동 쌈지길 진입부

보이지 않는 건축

다고 표현했다.[77] 쌈지길은 길의 모양을 한 건물이라기보다 도시 길거리의 일상을 품은 건축이라는 뜻이다. 길이 건축이 되었지만 인사동길의 모습을 직설적으로 답습하지 않았다. 인사동의 한옥을 닮아야 한다, 기와지붕과 토속적인 문양이 있어야 한다는 식의 통념을 떨치고 일상의 공간을 담았다. 인사동에서 발견되는 다양한 건축 재료를 두루 생각했지만 그중에서 콘크리트, 전벽돌, 나무만을 선택했다. 모든 램프가 마당을 향해 모여야 할 것 같지만 가장 긴 램프를 인사동 길을 향해 열어놓았다. 마당이 쌈지길의 중심이지만 약간 흐트러진 중심이다. 이런 흐트러짐 때문에 시선이 자유롭고 풍경이 다양하다.

길을 건물 속에 넣은 것은 쌈지길만의 발상은 물론 아니다. 코엑스몰과 같은 대형 쇼핑몰, 멀티플렉스의 복도 공간에서도 사람들은 길을 따라 움직인다. 하지만 컨베이어 벨트에 실려 가듯 평행선상에서 뒤쫓고 마주치고 스쳐 지나간다. 자연과 도시를 전혀 느끼지 못하는 폐쇄된 인공의 세계다. 쌈지길은 여러 방향으로 열려있어 도시의 길을 거닐 때처럼 자연과 도시를 함께 느끼는 즐거움이 있다. 높낮이가 다른 공간에서 사람들의 움직임과 시선이 교차하며 다양한 공간의 깊이가 만들어진다. 마당이 마름모꼴이어서 이를 둘러싼 램프의 길이가 모두 다르다. 길이가 긴 북서쪽 램프에서 좁아지는 마당 쪽을 바라보면 원근법적인 효과가 생겨 공간이

쌈지길 마당 램프

보이지 않는 건축

깊고 크게 느껴진다. 반대편 좁은 변의 램프에 서서 바라보면 공간이 아담하고 편안하다. 램프를 따라 움직이면서 우리의 시선은 우선 가까운 곳, 갖가지 사람과 물건, 쌈지길 옆에 있는 건물과 간판에 머문다. 등지고 있는 햇빛이 마주치는 청년의 얼굴을 밝게 비춘다. 코너를 두 번 돌면 그 햇빛에 눈이 부시다. 비가 내리면 척척하고, 겨울바람이 불면 춥다. 그래서 가게를 들어갈 때 집 안의 편안함을 느낀다. 날씨와 공기가 달라지면 도시도 새로워진다. 램프를 따라 서서히 올라가면서 하늘이 마당의 마름모꼴 속에 잡힌다. 하늘이 가까워지고 있다. 뮤직 라이브러리에서는 갑자기 열리는 하늘 풍경이 놀라웠다면, 쌈지길에는 다음 장면을 기대하게 하는 매력이 있다. 옥상에 올라가는 순간 창틀에 잡혔던 하늘이 모든 방향으로 열리면서 가까운 곳에 머물던 시선이 먼 곳으로 확장된다. 나의 움직임과 함께 변하는 도시 풍경은 내가 어디에 있는지를 일깨워준다.

쌈지길은 공공의 가로가 아니다. 뮤직 라이브러리의 마당도 공공의 광장이 아니다. 쌈지길과 현대카드 뮤직 라이브러리는 모두 민간의 상업 공간이다. 문화의 후원자였던 쌈지의 부도는 안타까웠지만 쌈지길 자체는 2004년 완공되면서 바로 건설사에 매각되었다. 쌈지길이 문을 연 지 얼마 안 되어 3천 원 입장 쿠폰을 받았다가 거센 항의 때문에 며칠 만에 다시 전면 개방하는 해프닝이 있었다. 2010년 쌈지가 최종 부도 처리되었을 때 "시민들의 반대로 입장료조차 걷지 못해 적자가 누적된 서울 인사동 '쌈지길'"이라는 잘못된 문구가 기사에 실리기도 했다.[78] 쌈지길은 매장 임대가 잘되어, 적자를 내는 건물이 아니었다. 엄연히 사유지이고 전적으로 상업 시설이지만 시민들은 이곳을 공공의 장소라고 생각한다. 여기에 접근할 수 없다는 생각이 들 수 없게 만든 건축이다. 지금도 서울관광정보 웹사이트를 검색하면 "복합문화공간"이라고 규정되어 있다.[79] 빈 마당의 자유로움이 배회, 만남, 전시, 공연, 시위, 플래시 몹과 같은 다양한 행위를 편하게 포용한다.

최문규의 건축은 아주 간명하다. 하지만 그 건축은 도시와 어우러져 다채로운 장소를 만든다. 쌈지길과 뮤직 라이브러리처럼 사람이 함께하기 때문이다. 건축의 틀 속에서 내가 구경꾼이고 또 남들이 나를 구경한다. 여기서는 배우가, 저기서는 관객이 된다는 것을 잘 알고 있다. "쌈지길은 무대이고 사람들과 쇼윈도와 상품이 주연"이라고 김진애가 말한 적이 있다.[80] 지시를 하는 사람이나 표지판이 없어도, 방문객들은 잘 알고 적절하게 움직인다. 쌈지길의 마당이 무대이고 둘러싼 램프가 청중석이라 생각하기 쉽지만 무대와 청중석은 뒤바뀔 수 있다. 뮤직 라이브러리도 무대와 청중석이 언제든 교차한다. 광장에 들어서면서 높고 넓은 유리창을 통해 LP 자료실이 보이고, 안에 있는 사람들이 밖의 나를 본다. 현대카드 소지자만 내부에 들어가는 상황에서는 쌈지길처럼 안팎의 교감이 유연하지는 않았다. 하지만 현대카드의 마케팅 전략이 달라지고, 프로그램도 바뀐다. 처음에는 가건물로 전제했지만 뮤직 라이브러리와 언더스테이지 등의 프로그램이 정해지면서 지붕 안면의 화려한 이미지와 음반 자료실을 수용했다. 쌈지길은 시간이 흐르면서 여러 가지가 더해지고 덧붙여지며 깔끔했던 형태와 재료가 이제 보이지 않을 정도다. 하지만 공간의 틀과 디테일이 명쾌해서 완공 후 덧붙거나 증축되어도 건축의 기본이 살아있다. 건물을 통째로 없애지 않는 한 건축가가 설정한 건축의 뼈대가 다양한 변화를 수용할 수 있다.

건축은 눈에 보이는 형태가 물론 있다. 거주자가 아닌 관광객의 시선이 찾는 건축이다. 형태가 수려하면 돋보이고 인스타그램을 타기도 한다. 하지만 높고, 크고, 화려한 것을 담는 매체는 쌈지길과 뮤직 라이브러리를 만들었던 건축주의 의지, 건축가의 지식과 상상력을 전달하기에 부족하다. 이들이 보여주듯이 눈에 띄지 않는 건축이 좋은 건축일 수 있다. '컴퓨터 아키텍처'는 하드웨어와 소프트웨어의 관계 조직을 설계하는 전문 분야다. 조직으로서 건축은 컴퓨터, 그림과 소설, 그리고 도시와 건물에 있다. 도시와 건물의 건축은 생활, 생각, 의지를 담는 공간 조직이 기본인데 방문자에게 잘 인지되지 않는다. 하지만 걱정할 필요는 없다. 비평가처럼

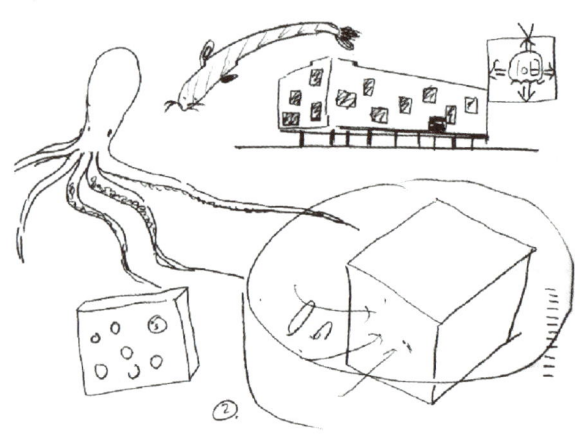

최문규, 스케치, 2001

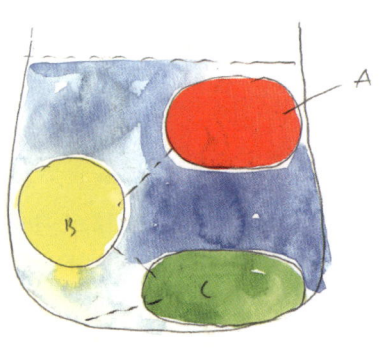

옹기 난에
각각의 공간의
독립적으로 존재하고
그 사이의
주황색 속기는
사이-(   )로
넣는다.

2001/03/26
문규

보이지 않는 건축

건축을 분석할 줄 몰라도 사용자는 생활 속에서 건축을 직감한다. 창에 비치는 석양빛, 방에서 노는 아이들의 목소리, 마당의 향기, 건축이 가능하게 하지만 건축을 의식하지 않는 순간들이다. 건축이 일상에 녹아 보이지 않을 때 제 역할을 하고 있는 것이다.

비평가 박길룡은 최문규에 대하여 "골체가 건강"한 사람이라고 말했다. 최문규가 만드는 건축의 골체 역시 건강하다. 생명체의 뼈대는 살과 장기, 핏줄과 신경조직을 지탱하는 기본 요소지만 밖에서 직접 볼 수 없다. 신체에서 일어나는 내분비와 신경의 흐름에 대한 이해가 완전하지 않아도, 뼈대의 작동 역학은 명쾌하게 안다. 튼튼한 골체가 있을 때 복잡하고 예측하기 힘든 여러 생명 작용이 가능하다. 건축 공간도, 건축 설계 과정도 마찬가지다. 기본이 명쾌할 때 자유를 얻는다. 나는 "비약과 은유의 귀재"라고 최문규의 역량을 평가한 적이 있다.[81] 때로는 논리적인 과정으로, 때로는 순간의 상상력으로, 가아건축의 집단 창작으로 설계 과정을 이끈다. 문어와 미꾸라지, 계란과 치즈에 대한 상상 등 해독이 어려운 스케치로 출발해서 철저하게 현실적인 건축을 완성한다. 복잡하게 얽힌 통로들이 한곳으로 모이는 문어의 공간 위상, 계란처럼 껍데기 안의 겹이 또 다른 겹을 에워싸는 건축, 스위스 치즈처럼 외관의 구멍들이 서로 연결된 공간. 관습과 관행을 벗어던진 비약의 자유가 주는 명쾌한 발상의 힘

최문규와 가아건축, 대구간송미술관, 2024

보이지 않는 건축

이다. 최문규와 내가 함께 말하는, 의심의 힘이다. 의심의 힘은 변화, 자유, 그리고 안전을 수용하는 공간의 힘이기도 하다. 쌈지길과 뮤직 라이브러리보다 규모가 크고 공공적인 기능을 하는 '숭실대학교 학생회관', '서울시립대학교 100주년 기념관', '파리 학생 기숙사', '대구간송미술관'도 건축가가 바라는 자유롭고 안전한 집이다. 그런 집의 발상이 중요하고 그것을 지켜내고 실현하는 것이 중요하다. 우리의 관료 사회는 너무 많은 것을, 모든 것을 만족시키려 해 복잡해지지만, 결국 자유와 안전을 지키지 못하는 모순이 발생하는 경우를 일상적으로 본다. 명쾌한 건축에는 사회의 가치가 무엇인지를 보여주는 특별한 힘이 있다. 건축을 돌보는 데 인색한 한국 사회에서 건축의 건강한 골체는 미덕이자 생존 조건이다.

건축의 시간 — 조민석과 매스스터디스

건축은 관념과 의지로 사물을 만드는 가장 인간적인 창작 행위다.
낯선 건축이 일상과 어떻게 마주할지는 시간이 결정한다.

내 원고를 훑어보다가 '건축은 정지된 음악'이란 문구를
봤어요. 확실히 뭔가 있는 말이에요. 건축이 만드는 정신
상태는 음악의 효과와 비슷합니다.

—— 괴테, 1829[82]

건축가의 클라이맥스는 시작에 있다. 반대로 공연 예술의
클라이맥스는 어려운 준비 과정을 거친 마지막 지점에 있다.
초연 막판까지 공이 어디로 튈지 모르는 긴장감을 먹고
살다가, 귀환할 필요 없는 로켓을 발사하는 것처럼 마지막에
현실이 아닌 불신의 유예 공간에서 클라이맥스를 보여주고
기립박수를 받으면 성공한 거다. 반면 건축가는 일종의
이상화된 세계를 상상하는 행복감에서 시작한다. 나머지는
상상 속의 세계를 천신만고 끝에, 무수한 타협과 충돌과 함께
지상의 현실 세계로, 일상의 일부로 착륙시키는 고통스럽고
기구한 과정이다.

—— 조민석, 2011[83]

조민석과 매스스터디스

건축은 정지된 음악이다. 무슨 뜻일까? 변하지 않을 것만 같은 건축물이 어떻게 음악이나 무용 같은 시간 예술과 같을 수 있을까? 건축은 시간을 멈출 수 있다는 말인가? 고인돌 무덤, 로마의 신전, 중세 성당은 시간을 멈추는 불멸의 건축으로 지었다. 궁극적으로 사라지지 않는 건축은 없으니 이것은 인간의 관념이자 욕망이었다. 유한한 인간이 변하지 않는 가치를 붙들어 매고 싶었던 것이다. 괴테가 평가한 건축과 음악의 숭고한 효과는 이런 시간성에서 비롯되는 것이다. 세월을 붙들어 매는 건축의 마력을 격동의 시대, 건물의 수명이 가장 짧다는 21세기 한국에서도 기대할 수 있을까? 이 시대의 건축을 출발시키는 관념은 무엇인가? 건축을 시간으로 가늠하려면 건축의 퍼포먼스를 봐야 한다. 퍼포먼스는 우리말로 행위, 수행, 성능, 공연 등 다양하게 번역될 수 있다. 시간의 궤적에 따라 건축이 행위를 하며 동사형이 되는 것이다. 건축주는 건축가에게 프로젝트를 의뢰한다. 건축가와 사무실 스태프는 설계한다. 컨설턴트와 협업하며 공사 현장을 감독한다. 건물이 완성되었다고 해서 수행을 멈추지는 않는다. 건물의 사용자들과 함께 건물 자체의 퍼포먼스가 펼쳐진다. 엔지니어링에서 말하는 기술적인 성능, 재료의 내구성이나 구조 성능과 같은 퍼포먼스가 있으며 시설과 공간의 퍼포먼스도 있다.

    조민석은 건축의 시간을 통찰해 온 건축가다. 조민석이

조민석, 안은미의 〈리볼빙 도어〉 무대 장치, 1999

조민석과 매스스터디스, 링돔 밀라노, 2008

이끄는 매스스터디스는 다양한 생애 주기의 건축을 다루면서, 건축의 시간을 어떻게 조율하는지, 건축은 어떻게 퍼포먼스를 하는지 보여주고 있다. 시간이 가장 짧았던 건축은 아마도 무용가 안은미의 〈리볼빙 도어〉 공연을 위한 무대 장치였을 것이다.[84] 조민석이 디자인한 삼각형 입체는 한 시간 남짓 안무와 어우러진 무대 장치로 작동했고 공연이 끝나고 바로 폐기되었다. 이것을 '시간당 건축'이라 하자. 시간 단위의 건축이 있다면 주 단위의 건축도 있다. 2007년 뉴욕 '스토어프런트 포 아트 앤드 아키텍처' 25주년 야외 행사장으로 지었던 '링돔'은 4주간의 건축이었다. 1천 5백 개의 훌라후프로 이틀에 설치할 수 있는 링돔은 뉴욕 일정을 마친 후 밀라노, 요코하마, 서울에서 짧게는 닷새, 길게는 17주 동안 건축 역할을 하고 다시 사라졌다. 2024년 런던 서펜타인 갤러리와 2010년 상하이 엑스포 한국관은 전시 기간 사용하고 해체했으니 5~6개월의 건축이었다.

    매스스터디스는 물론 긴 수명의 건물도 설계한다. 이런 건축의 시간도 상대적이다. 2007년 개관한 부산 연산 '자이 갤러리'는 20년 연한을 기준으로 설계했다. 대부분의 모델 하우스를 1년도 되지 않아 철거하는 것을 감안하면 긴 시간이다. 모델 하우스의 기능을 수행한 후 문화 센터로 사용했기 때문이다. 20년 수명을 기준으로 가벼운 철골 구조에 합성수지 마감을 선택했다. 긴 생애 주기를 전제로 한 프로젝

조민석과 매스스터디스, '자이 갤러리', 2007

조민석과 매스스터디스

조민석과 매스스터디스, 다음 스페이스 닷원, 2012

건축의 시간

트의 예로 제주에 있는 '다음 스페이스 닷원', 지금의 카카옥 사옥을 보자. 카카오 사옥은 버섯 모양의 콘크리트 기둥을 단위로 그 변형과 조합에 따른 공간 체계를 만들었다. 과감하면서 다채로운 내외부 공간, IT 기업이 추구하는 열린 환경을 구현하였다. 버섯 지붕은 조합 방식에 따라 구조적인 성능을 발휘하기도 하고, 특유의 공간적인 성능도 있다. 우산처럼 수직 구조를 가운데 두고 지붕이 어떤 방향으로든 펼쳐질 수 있기 때문에 다양한 공간과 기능을 구현할 수 있다. 야외 테라스는 먼 경치를 액자에 담아내고, 그늘을 만들어주며, 직원들이 모여 이야기를 나눌 수 있는 친밀한 공간을 제공한다. 버섯 지붕의 조합에 따라 강당처럼 웅장한 공간도 만들어진다. 같은 건축 시스템이 아늑한 휴식 공간의 역할을 하기도 하고, 강당과 같이 공동체 의식을 확인하는 공간으로서 성능을 발휘하기도 한다. 카카오 사옥은 강렬한 이미지로 작동하기도 한다. 기업 홍보와 패션 사진의 배경, 잡지와 인스타그램, 다양한 매체로 많은 사람의 관심을 끄는 미디어 퍼포먼스를 수행한다.

    모든 건축은 각자의 리듬으로 행위를 한다. 조민석의 표현을 빌리자면 건축은 "자신의 기대 수명을 말없이 표현한다". 그래서 건축가는 시간을 다스릴 줄 알아야 한다. 조민석의 무대 장치, 파빌리온, 모델 하우스, 회사 사옥 등 개별 프로젝트의 시간성을 봤다면, 이제는 다양한 리듬의 작업이 함께 어우러진 현장을 보자. 그곳은 제주의 오설록 단지, 차밭, 녹차 박물관, 다례 공간, 다양한 판매 시설이 있는 곳이다. 제주가 본격적으로 녹차 생산지가 된 것은 1980년대 이후의 일이다. 하지만 조선 시대 차 문화를 가꿨던 추사 김정희의 유배지라는 점에서 차와 인연이 깊다. 2001년 오설록 '티뮤지엄'이 가장 먼저 녹차밭 옆에 지어졌다. 티뮤지엄은 건축가 김동주가 디자인한 연갈색 벽돌의 원형 건물이다. 연못 중정을 중심으로 곡선을 따라 공간이 배열되고, 차밭을 굽어보는 탑이 세워져 있다. 2010년 전후로 방문객이 급증하면서 전시와 판매 공간이 어색하게 섞이게 되었다. 매스스터디스는 오설록 단지에서 총 여덟 개의 프로젝트를 수행했다. 2012년에는 다례 공간 '티스톤'과 '이니스프리 제주하우스' 및 베이커리, 직원 식당, 화장실, 창고 등을 수용하는 부속동, 2019년에는 이니스프리 증축, 2023년에는 티뮤지엄 증축과 리모델링을 진행했다.

    티스톤과 이니스프리 제주하우스, 오설록 단지에서 시간성이 대비되는 두 공간이다. 티스톤은 폭 11미터, 길이 20.3미터의 윤이 나는 검정색 콘크리트 상자, 이니스프리는 같은 11미터 폭에 증축하기 전 길이 34.8미터의 유리 상자. 간명한 두 개의 직사각형 형체가 같은 축선상에서 서로 42미터 떨어져 있다. 곶자왈 숲이 주변에 복원되어, 티스톤은 숲 안쪽에 반쯤 숨어있고, 이니스프리는 숲 바깥에 노출

조민석과 매스스터디스, 티스톤, 2013

조민석과 매스스터디스

곶자왈 숲과 마주한 티스톤

건축의 시간

매스스터디스

되어 있다. 티뮤지엄에서 좁다란 돌다리를 지나면 티스톤 입구로 올라가는 계단이 바로 나타난다. 티스톤 1층에는 발효차 저장고처럼 조성된 체험 공간이 마련되어 있다. 좁은 계단을 따라 올라가면, 차를 시음하며 다례 강좌를 들을 수 있는 티룸이 있고, 삼각형의 작은 추사 전시 공간이 맞붙어 있다. 티스톤 입구 쪽의 검정 유리창은 콘크리트 구조체와 어우러져 단순한 형체가 땅 위에 떠있다. 추사와 같은 선비들이 쓰던 벼루를 연상케 한다는 뜻에서 티스톤이라는 이름을 붙였다. 이름처럼 무게감을 갖되 땅에 가볍게 올라서야 하는데, 캔틸레버 구조가 그 해법이었다. 티룸의 삼면은 시선을 막는 구조체의 방해 없이 곶자왈 숲으로 둘러싸여 있다. 입구의 어두운 유리창과 달리 티룸의 창은 투명하여 곶자왈 숲이 선명하게 내다보인다. 창밖 얕은 연못은 숲과 어우러진 티스톤의 빛과 그림자를 비춘다. 캔틸레버 보와 직각 방향으로 놓인 목재 서까래 천장에서 부드러운 햇빛이 들어온다. 티룸에는 다례 강좌를 위한 좌석이 정사각형 모양으로 배치되어 있다. 다례 강사는 곶자왈 숲을 등지고 앉는다. 강사를 바라보는 수강생들의 시선이 천장의 서까래와 교차하며 한 방향으로 치우치지 않고 공간의 균형을 잡아준다. 밖에서 보는 티스톤은 둘러싼 숲과 하늘을 비추면서 내부가 언뜻언뜻 보인다. 티룸에서는 눈의 즐거움은 물론 녹차 향기, 돌·유리·나무의 촉감, 찻물과 찻잔 소리가 어우러진 감각의 향연이

티스톤 내부

조민석과 매스스터디스, 이니스프리 제주하우스 내부, 2019

조민석과 매스스터디스

펼쳐진다. 티스톤은 서쪽 출입구만 드러날 뿐, 대부분의 형체가 곶자왈 숲에 숨어있다.

자신의 모습을 드러내지 않는 티스톤과 달리 이니스프리 제주하우스는 언덕 가장 높은 곳에 자리하며 방문객에게 열려있다. 아름답게 펼쳐진 녹차밭을 굽어보면서, 그 풍광을 담은 유리면을 두르고 있다. 티스톤처럼 실내에 기둥이 없으며, 풍광을 방해하지 않도록 창틀과 구별되지 않는 가는 기둥을 사용했다. 티스톤은 좁은 면을 통해 출입하지만, 이니스프리는 녹차밭으로 열린 긴 남쪽 입면으로 들어간다. 입면 상단은 나뭇결이 살아있는 싱글shingle이 긴 띠를 이루고 있다. 차양 역할을 하며, 이니스프리의 자연스러운 이미지를 만들어준다. 이니스프리 지붕은 티스톤과 같은 목재 톱니 천창을 두었다. 가구가 티스톤과 다르다. 다례 형식에 따라 티스톤의 가구가 달라질 수는 있겠지만, 이니스프리의 판매대를 티스톤에 놓지는 않을 것이다. 이니스프리 제주하우스는 모두에게 열려있는 판매 공간이다. 가벼움과 밝은 빛을 선사하면서 모든 것을 보여준다. 티스톤에 비해 훨씬 짧은 생애주기를 전제했지만, 도심의 로드 숍에 비하면 긴 리듬이다. 도심 매장 인테리어는 1년도 되지 않아 바꾸기도 하지만, 녹차밭을 배경으로 하는 제주하우스의 건축적 틀은 더 긴 시간을 전제하고 있다. 여기서는 수명이 짧은 디스플레이가 아니라 제주의 맑은 공기와 빛이 주인공이다. 티스톤과 이니스프

이니스프리 제주하우스 증축부 입구

조민석과 매스스터디스

리는 형제 같은 건축이다. 비슷한 치수를 지닌 열린 공간이고, 같은 지붕 디테일에, 투명한 유리면도 비슷하다. 하지만 전혀 다른 자리, 구조, 재료를 선택한 건축가의 의도처럼 다른 삶을 살아가는 형제다. 곶자왈과 차밭의 시간이 다르듯이 100년 주기의 티스톤 콘크리트, 10년 주기의 이니스프리 목재 싱글, 그보다 수명이 짧은 실내 제품과 가구, 모두 다른 존재감을 갖고 있다.

티스톤은 오설록 단지에서 가장 긴 시간을 전제한 건축이다. 인간의 흔적이 없어진 먼 미래, 숲속의 유적을 상상하게 하는 원초적 힘이 있다. 땅의 흔들림이 만든 동굴이 아니라 검은 콘크리트 상자이기에 인간의 의지를 확인하게 된다. 좋은 건축은 의지에서 출발하여 저마다 다른 생각과 감각을 부른다. 비평가 박길룡의 경우, 티스톤에서 심오한 '어둠'을 발견했다. 단지 '검다'라는 뜻의 '흑黑'이 아니라 어두운 우주를 뜻한다는 '현玄'으로 묘사했다. 현이 사색의 깊이를 말한다면, 괴테가 생각한 건축과 음악의 가장 숭고한 효과다. 티스톤은 나의 생각을 〈세한도歲寒圖〉로 향하게 한다. 세한도는 제주 귀양살이를 하던 추사가 그린 걸작이다. 역관이었던 제자 이상적이 청나라를 드나들며 구한 귀한 서책을 전해준 데에 대한 고마운 마음을 전하고자 그렸다고 한다. 설 무렵의 한파 '세한', 겨울 풍경 속에 울퉁불퉁한 노송과 곧게 뻗은 소나무가 있고 그 옆에 허름한 집이 자리 잡았다. "추운 계절이 된

김정희, 〈세한도〉, 1844

조민석과 매스스터디스

뒤에야 소나무가 여느 나무와 다름을 알게 된다." 세한도의 발문은 권력을 잃고 절해고도로 유배 간 스승을 찾아준 제자를 소나무에 빗대어 말하고 있다. 그런데 소나무 옆의 집은 무엇인가? 발문에 집에 대한 언급이 없어 후대에 추정과 해석이 뒤따랐다. 기단 없이 땅에 파묻힌, 둥근 문 하나만 있는 집. 평론가들이 흔히 추정하는 초가는 아니다. 조선의 건축에서는 볼 수 없는 둥근 문은 청나라 건축에서 모티프를 따온 것이라 볼 수 있다. '이상적과 공유했던 중국의 경험, 그가 구해준 중국의 책을 빗댄 상징이다', '소나무가 이상적이라면 집은 추사 자신을 은유한다', '추사가 학문을 닦고 차를 즐겨 마시던 유배 가옥이다', 이런저런 해석이 있다. 명확한 것은 나무와 흙으로 빚은 실제의 가옥을 표현한 것은 아니다. 유홍준의 해석처럼 세한도는 실경산수화가 아니다. "완당의 마음속의 이미지를 그린 것으로, 그림에 서려있는 격조와 문기가 생명이다."[85] 추사는 늘 푸른 소나무와의 우정이 보호하는 낯선 가옥의 이미지를 빌려 귀양살이의 쓸쓸함을 표현했다는 것이다. 다시 말해서 〈세한도〉의 집은 현실에 없는 관념의 세계다.

추사는 집에 대한 관념을 그리는 것으로 그쳤지만, 건축가는 그 관념을 건물로 실현해야 한다. 조민석이 말했듯이 건축도 이런 "상상의 세계"에서 출발한다. 하지만 그 세계가 실현된다는 것은 원론적으로 불가능한 일이다. 예산, 법규 등 현실적인 제약뿐 아니라 공간, 사물, 그리고 시간이라는 더 근본적인 조건이 있다. 건축은 현실에 존재하기에, 조민석의 표현을 다시 빌려 온다면 "상상 속의 세계를 천신만고 끝에, 무수한 타협과 충돌과 함께 지상의 현실 세계로, 일상의 일부로 착륙시키는" 것이기에 실제 건축은 그 발상과는 원론적인 괴리가 있다. 건축은 가장 인간적인 행위이기에 현실 속에서 낯설다. 괴테가 찬미했던 건축과 음악의 효과도 이런 낯섦의 양상이다. 추사와 제주가 서로 낯설지만 함께했던 것처럼 티스톤과 이니스프리는 제주와 잘 공존하는 이질적인 존재다. 낯선 건축이 환경과 어떻게 조우하고 사용되며 또 폐기될 것인지는 시간의 문제다. 과거처럼 "영원한 건축이라는 불가능을 염원하는 대신, 순간의 무수한 변화를 만끽"할 수 있어야 한다고 말한 조민석도 티스톤에서는 보다 긴 시간을 염두에 둔 예지력을 발휘했다.[86] 조민석의 '시간의 건축'이 주는 소중한 교훈이다. '건축은 무엇인가'를 묻기보다 '건축은 무엇을 하는가'를 물어야 한다고 알려준다. 끊임없는 변화의 시대, 변하는 건축의 역할을 찾아가는 것이 건축 본연의 임무가 되었다.

완결성은 건축의 완성도로만 구현되는 것이 아니다.
완결성은 장소성을 포섭하며, 경계가 있음을 널리 말한다.
건축은 사유와 감각의 경계이되, 진예 장벽이 아니라
소통의 통로가 되어야 한다.

사유의 경계 — 승효상과 이로재

책을 쓰면서 승효상의 건축을 깊이 연구하면 할수록
어려움도 배가됐다. 현실은 만들어진 것이라고 보는
구조주의자와 만들어야 할 현실을 추구하는 실존주의자.
이질적인 서로의 태도를 글로 엮어낸다는 게 불가능해
보이기까지 했다. 갈등이 내재한 상반된 요소를 지식의
얼개로 만드는 어려운 일이었다. 하지만 필자는 비평가가
대상과 일치되어 있다는 환상적인 자신감보다는 그 사이의
괴리가 가져오는 불안과 긴장을 택하고 싶다. 메를로 퐁티가
『눈과 정신』에서 자신과 작품 사이의 갈등을 일컬어 "심오한
부조화"라고 말했듯이 이 책을 쓰는 내내 승효상 건축과의
"심오한 부조화"는 필자의 지적 에너지가 되었다. 체험을
기율과 지식으로 공유할 수 있는가, 서구 철학 전통에서
쓰이는 용어를 빌려본다면, 현상학이 역사적인 인식론,
비판적인 기율일 수도 있느냐를 묻는 것이다.

— 배형민, 『감각의 단면』, 2007[87]

비평가로서 나에게 승효상의 건축은 특별한 의미가 있다. 한국 현대 건축에 대해 의미 있는 글을 쓸 수 있을까 깊이 고민하던 시기에 『감각의 단면』은 비평가의 문을 열어주었다. 왜 그 시점에 글을 쓸 수 있었을까? 단순하지만 확실한 이유는 시간의 변수다. 잡지 원고는 기껏 몇 주가 주어진다. 처음 보는 건물, 생소한 건축가의 작업에 대해 읽을 만한 원고를 만든다는 것은 아주 어려운 일이다. 『감각의 단면』을 완성하는 과정은 짧게 잡아도 2년의 집중된 학습, 연구, 답사, 분석, 글쓰기 시간이었다. 학습의 구체적인 대상이 있었기에 이런 과정이 생산적일 수 있었다. 접근이 가능한 현장은 모두 답사했다. 건축가 본인의 말과 그림은 물론, 그의 스승이었던 김수근과 동시대 건축가들의 작업도 보았다. 예를 들어 '수졸당'을 분석하면서 건축가의 다른 주택 작업과 김수근의 공간 사옥, 우규승의 '환기미술관', 민현식의 신도리코 사옥을 포섭하여 서사를 만들었다. 『감각의 단면』은 역사서가 아니다. 하지만 말과 사물이 사유의 자료가 될 수 있었던 것은 이들을 단지 주체가 체험하는 접경지로만 보지 않았기 때문이다. 비평가가 마주한 입면은 먹먹한 장벽이 아니었고 지식과 감각의 관계망 안에서 재구성되었다. 지난 20년, 승효상의 건축은 더 확장된 관계망 속에 존재하고 있고, '왜관 수도원'과 '선곡서원'도 물론 예외일 수 없다.

왜관 수도원에는 건축가가 오랫동안 가꿔온 생각과 태

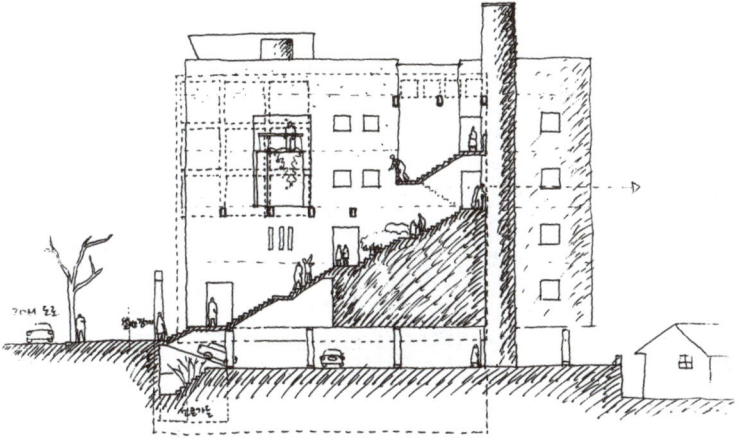

승효상, 이문 291 스케치, 1992

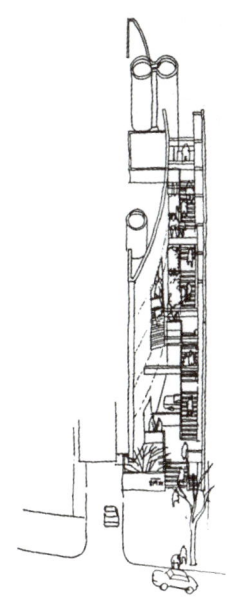

승효상과 이로재

승효상과 이로재, 왜관 수도원 피정센터, 2024

사유의 경계

도, 방법론이 결집되어 있다. '성 베네딕도 문화영성센터/피정센터'는 특히 그가 사용해 온 건축 유형의 줄기들이 통합되어 있는 모습이다. 100미터의 긴 평면은 중복도, 마당을 둔 ㄷ자형 평면, 단일한 입체들이 중첩되어 방문자 숙소, 식당과 부엌, 강당, 예배당 등 복합적인 프로그램들을 포용한다. 1990년대 초반 이로재를 설립하여 독립 건축가로서 구현한 '이문 291', '돌마루공소', '중곡동 성당', '대학로 문화공간', 더 거슬러 김수근과 공간이 사용한 평행 벽체 시스템까지 소환할 수 있다. 30년 이상 승효상의 작업에서 보았던 이런 공간 조직이 피정센터에서 특별한 것은 그 명료함과 설득력 때문이다. 무엇보다도 돋보이는 것은 외부를 향한 네 개의 입면이다. 먼 거리의 도시적 풍경이든, 가로변이든 수도원 내부에서 바라보는 모습이든 명징한 입면의 태도다. "건축의 파사드는 건물이 아니라 이러한 변하는 풍경이며 건물은 이 풍경을 담는 틀일 뿐이다. 기본적으로 비어있게 되는 이 틀은 어찌 보면 쓸모없는 공간이기도 하다. 소위 불특정한 공간이다."[88] 피정센터는 25년 전 '웰콤시티'에 관한 건축가의 이 발언을 수정해야 할 때가 왔다는 것을 알려준다.

피정센터의 이러한 태도가 갑자기 등장한 것은 아니다. 승효상의 유형적인 방법론은 2000년대에 여러 작업에서 다양한 방식으로 변형되고 진화해 왔다. 그 과정에서 파주출판도시 '디자인비따'와 서울 서교동 '아쿠아리우스 피라미드'

왜관 수도원 피정센터

가 중요한 변곡점으로 보인다. 2016년에 완공된 디자인비따는 마당을 사이에 두고 건물의 본체와 외부 계단을 안고 있는 벽체의 전형적인 ㄷ자형 조직을 갖고 있다. 디자인비따의 새로운 면모는 본체가 또 하나의 내적 조직을 가졌다는 점, 그리고 도시를 향한 벽체의 태도에 있다. 이문 291, 대학로 문화공간, '쇳대박물관' 등 주로 도심의 복합 시설에 사용했던 ㄷ자형 벽체는 이를 바라볼 수 있는 거리가 없다. 디자인비따의 파사드는 마주한 롯데아울렛으로부터 건축을 보호하고 또한 건축의 "표정"을 만들었다고 건축가가 말한다. 도시의 얼굴을 만들겠다는 태도는 파주출판도시의 상대적으로 느슨한 밀도로 설명할 수도 있다. 이러한 벽체의 새로운 태도는 관망 거리의 문제라기보다 안과 밖의 경계를 설정하는 문제다. 이것은 고밀도 서울 도심에 자리 잡은 아쿠아리우스 피라미드의 명확한 북측 벽면의 표정에서도 나타난다. 지금은 사적인 공간이지만 장차 공적인 박물관을 전제로 한 경계 설정이다. 예전의 ㄷ자형 조직에서는 외부 계단이 북측을 향해 열리고 마당과 외부 계단을 품은 벽체는 서측이나 동측 인접 건물 사이에 배치된다. 디자인비따까지는 온전했던 가벽이 아쿠아리우스 피라미드에서 건물의 입면으로 편입되었다. 외부 계단을 따라 올라가면서 마당의 담이 내부 공간의 입면으로 전이된다. 이 벽은 여전히 "풍경을 담는 틀 (…) 불특정한 공간"이지만 건물의 본체와 일체된 파사드의

승효상과 이로재, 디자인비따, 2016

승효상과 이로재

승효상과 이로재, '아쿠아리우스 피라미드', 2021

사유의 경계

역할을 하고 있다.

피정센터는 이렇게 진화하는 건축 작업의 완결점이다. '마오로관' 리노베이션, '수도자 쉼터'와 함께 이런 건축적 깊이는 전체적인 왜관 수도원의 완결성을 불러온다. 수도원 밖으로는 인접한 철도역 그리고 미군 부대와 경계를 명확하게 설정하여 왜관읍의 장소성에 기여하고 있다. 피정센터는 수도사들이 기거하는 공간이 아니다. 하지만 기존의 건축과 어우러져 수도원 전체가 도시를 향한 엄격한 존재감으로 확인된다. 수도원 경내에서는 역사적으로 뜻깊은 구성당을 존중하는 간명하고 열린 건축이다. 목공소, 금속 공방, 출판사와 인쇄소 등 수도원의 기존 생산 시설과 연결이 수월하여, 계속될 단지의 변화를 경건하게 기다리게 한다. 수도자 쉼터는 지형을 보존하면서 대나무 숲을 함께 품어, 수도원 입구와 외부 세계를 적절하게 연결하고 차단한다. 왜관 수도원의 이런 공간들은 이전 작업에서도 볼 수 있는 장면이다. 하지만 이곳이 특별한 것은 공간 하나하나의 설득력 때문이다. 디자인비따와 아쿠아리우스 피라미드에서는 "그럴 수도 있겠구나" 수긍하게 된다면, 피정센터에서는 "그래야만 하는구나" 하고 공감하게 된다.

선곡서원은 왜관 수도원과 설계 시기가 비슷하지만 건축가의 작업 이력에서 다른 시사점을 갖는다. 피정센터는 오래 축적된 작업이 응집되어 있다면 선곡서원은 새로운 시도

승효상과 이로재, 선곡서원, 2024

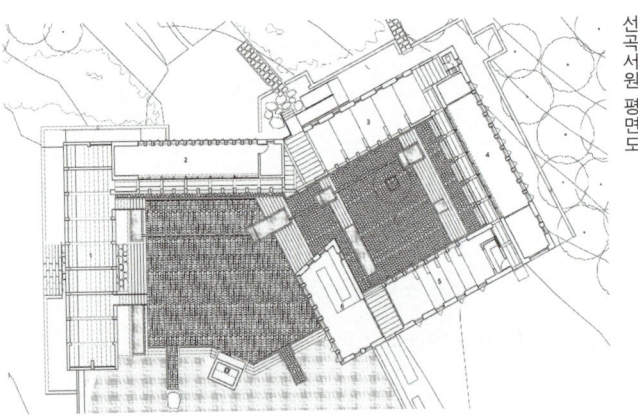

선곡서원 평면도

사유의 경계

들이 돋보인다. 가장 놀라운 것은 공간의 조직 방식이다. 완만한 지형을 따라 연속된 선형 공간으로 망루와 세미나실, 카페, 그리고 평온한 일련의 마당이 만들어졌다는 점이다. 조선 시대의 서원, 특히 병산서원에서 영감을 얻었지만, 선곡서원은 채 나눔이 아니라 연속된 선형 평면으로 구성되었다. 얇은 코르텐강 박스로 구현된 사유원의 '와사'에서 가볍게 드러났을 뿐, 이런 선형 조직은 승효상의 작업 이력에서 찾기 어렵다. 지형을 따라가는 콘크리트 박스가 열주랑으로 구성된 점 또한 새롭다. 지금까지의 작업에서 개구부는 벽의 나눔과 열림으로 규정되었다. 원형 창의 모티프와 함께 건축가의 작업에서 어쩌면 처음으로 기둥을 요소로 정의하는 디테일이 등장한다. 기둥의 등장은 곧 수평 슬라브의 명확한 정의를 말한다. 건축가의 작업에서 부분과 전체를 논하는 새로운 국면을 알리는 것이다.

이렇듯 선곡서원은 완성도가 높다. 하지만 피정센터와 같은 완결성이 있는 프로젝트는 아니다. 우선은 장소적인 맥락이 불확실하다는 것이 중요한 이유다. 전체 배치도가 확인되지 않고 많은 시설이 공사 중인 상황에서, 과연 선곡서원의 역할이 전체 단지에서 무엇인지 가늠하기 어렵다. 물론 구현된 공간의 성격으로 짐작할 수 있는 모임과 활동이 있겠지만 구체적인 장소성은 아직 알 수 없다. 게다가 설계 당시 전제되지 않았던 거대한 돌 정원이 진입 망루 앞에 설치되어

228

선곡서원 망루대

사유의 경계

전혀 고려되지 않았던 인접 조건이 만들어졌다. 아쿠아리우스 피라미드도 완성도가 높고 미래의 박물관을 전제한 설계에 건축주가 동의했지만, 완결성에 대한 판단을 하려면 시간이 필요하다. 아쿠아리우스 피라미드는 장차 공공 공간이 될 때, 선곡서원은 단지 전체가 작동하게 될 때 건축의 설득력이 달라질 수 있다.

승효상의 건축에서 완결성을 논하고자 한다면 '노무현 대통령 묘역'을 살펴보아야 한다. 그곳은 노무현 대통령의 삶과 죽음을 기억하는 엄중하면서도 열려있는 곳이다. 무엇보다도 시대를 넘나드는 현장이기에 완결성을 말할 수 있다. 노무현의 참여 정신에 따라 묘역 바닥을 이루는 1만 5천 개 박석에 슬픔과 희망의 메시지를 남긴, 시민들이 함께 만든 공간이다. "스스로 추방된 자들을 위한 풍경"이라 부르며 건축가는 말과 사물을 그곳에 응집시켰다. "중간 영역", "삶과 죽음이 만나는 공간"이란 표현을 쓰면서 경계로서 건축의 역할을 말하기 시작했다.[89] 피정센터와 다른 점은 완결성을 이루는 건축적 장치가 벽이 아니라 바닥이라는 점이다. 수직 요소가 없다시피 한 노무현 묘역은 바닥이 만드는 건축의 정수다. 기존의 수로와 도로, 좁은 길, 주변 산세, 농지의 패턴은 묘역이란 새로운 땅의 하부 구조를 제공하였다. 삼각형 묘역만을 전제한다면 조경이라고 할 수도 있겠지만, 지붕이 없는 공간이 가장 훌륭한 건축일 수 있다고 말하겠다. 바닥이 그

승효상과 이로재, 노무현 대통령 묘역, 2010

어떤 수직 구조보다 명확한, 경계를 규정짓는 근본 조건이기 때문이다. 노무현 묘역은 보편적 건축의 원칙을 담지하면서 동시에 구체적인 시공간의 관계망 속에 자리 잡고 있다. 종묘와의 관계에서는 물론 월대나 초석만 남아있는 한국적 폐허의 상상력에도 또 하나의 지표가 된 현장이다. 노무현 묘역은 지식과 감각의 경계이되 누구에게나 열려있는 통로다. 봉하마을을 찾는 사람들이 많을수록 박석에 새겨진 시민의 슬픔이 더 빨리 없어진다. 비석 강판에 새겨진 노무현의 말 '깨어있는 시민의 조직된 힘'을 건축이 실천하는 것이다. 이렇듯 완결성은 건축이 홀로 만들지 않는다. 내가 노무현 묘역을 높이 평가하는 이유다. 건축의 완결성은 건축을 필연적으로 포섭한 장소성이다.

그렇기에 왜관 수도원과 선곡서원을 이야기하면서 수도원과 서원이라는 동서양 문명의 중추적인 제도, 시설, 건축 유형을 논하지 않을 수 없다. 수도원은 특히 자신에게 "건축의 지표"라고 말할 만큼 승효상에게 중요하다.[90] 수도원 건축의 기원을 추적한 월터 혼은 고고학적인 탐사를 기반으로 기원전 이집트 사막에 최초로 수도회를 설립한 성 파코미우스의 조직 방식을 재구성한 바 있다. 수도는 개인의 고행이기에 개인의 개별 공간에서 출발했다. 동굴이든, 움막이든, 사막의 흙집이든 한 사람이 거주하는 공간이다. 하지만 시간이 흐르면서 수도자들은 모여 살기 시작했다. 개인의 공간 단위를 유지하면서도, 모임이 생기고 영역이 생겼다. 모여든 수도자가 많아지면서 성 파코미우스는 공간적인 조직을 만들었다. 개인 공간을 바둑판 모양으로 정렬하고 그 가운데 공동 시설을 넣기도 하고, 중복도형으로 줄 세우고 복도 끝에 공동 시설을 배치하기도 했다. 성 파코미우스는 또한 교회를 짓고 벽으로 외곽에 경계를 세웠다. 벽은 외부 침입자를 막기 위해서가 아니라 경계를 상징하기 위함이었다.[91] 성 파코미우스가 어수선한 군집을 정리하여 공간과 생활 체계를 구성한 것이 수도원 건축의 출발점이 되었다. "고독한 개개인들이 사회적 공동체가 아니라 그들이 도저히 가능할 수 없는 존재의 세계 속에서 살아 나가는 것", 나는 이렇게 수도원을 정의한 바 있다.[92]

수도원에 천착하기 이전부터 개인의 존재 양식이 승효상 건축의 철학적 근간이었다고 생각한다. 나는 『감각의 단면』에서 민현식의 작업과 비교하며 승효상의 이런 태도를 해명했다. 신도리코와 대전대학교 기숙사를 지었던 민현식과 달리 승효상은 당시 아직 집합 하우징 프로젝트가 없었다.

> 민현식의 건축 안에 거주하는 사람은 자신이 보다 큰 공동체의 일부임을 끊임없이 인식하게 되는 반면, 승효상의 건축에서는 정반대 양상이 나타난다. 적어도 공공과 개인 사이의 관계라는 측면에서, 승효상에게는 자신의 건축에

234

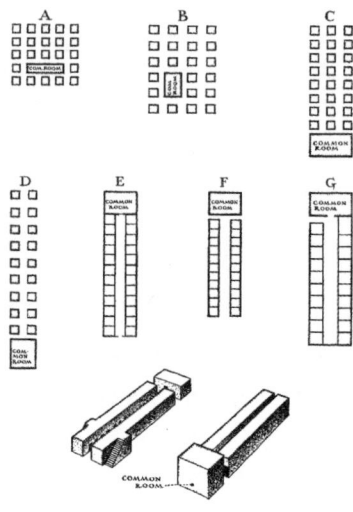

성 파코미우스 수도원을 재구성한 도면

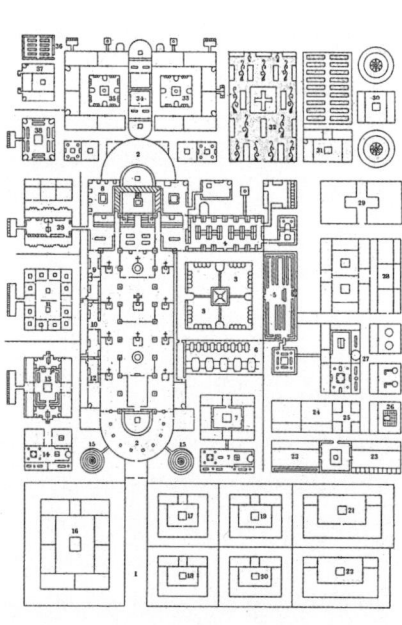

생갈 수도원의 단순화된 평면, 820~830년경

의 경계

내재하는 사회적인 조직을 노출하겠다는 의지가 없다. 민현식이 다루는 프로그램들이 대부분 학교, 기업, 공장 등 복합적이고 조직적인 성격을 가졌다는 점에서 그 이유를 설명할 수도 있을 것이다. 더구나 아직까지는 널리 알려진 주택 작품이 없는 상황이다. 하지만 이는 본말이 뒤바뀐 해명이다. 웰콤시티, 혜화문화관, 휴맥스 빌리지와 같이 조직적인 프로그램을 담아낸 승효상의 작품들을 보더라도 그가 민현식과는 다른 태도를 견지하고 있음을 분명하게 확인할 수 있다. 승효상은 이러한 프로젝트의 가장 공공적인 공간조차도 공동체의 공간이 아니라 개인의 공간으로 접근한다. 조직 속의 여러 사람들이 모이는 장소라 하더라도 개인은 개인으로서 이 공간을 함께 점유한다는 것이 그의 전제다.[93]

승효상 건축에 대한 나의 이런 판단은 지금도 같다. '조계종 전통불교문화원', '차의과대학교 기숙사', '대전대학교 HRC' 그리고 여기서 다루는 피정센터가 구현된 이후, 더욱 타당하다고 생각한다. "조직 속의 여러 사람들이 모이는 장소라 하더라도 개인은 개인으로서 이 공간을 함께 점유한다". 아직 수도원에 대한 인식이 없던 상황에서 제안한 『감각의 단면』의 명제가 성 파코미우스의 첫 수도원 조직 원칙과 동일했다.

성 파코미우스의 수도원은 사라졌지만, 그 시스템은 긴 세월 수도원의 조성에 영향을 미친다. 이집트 사막에서 발현된 조직력은 장차 수도회가 서구에서 할 문명사적 역할의 전조였다. 조직력은 수도원이 발전하면서 현실적으로 필요했던 역량이다. 독립적으로 생존하려면 생산 기능을 갖추어야 했기 때문이다. "수도원에는 가능한 한 필요한 모든 것, 즉 우물, 방아, 정원이나 여러 가지 작업장의 일들이 수도원 내부에서 이루어지도록 배치되어 있어야 한다"라고 명시한 성 베네딕도 수도 규칙 66장이 말해주듯, 수도원은 다양한 기능을 갖게 되었다. 수도자 외에 많은 생산 인력을 수도원 영역 안에 포용해야 했다. 이런 필요에 따라 클라우스트룸claustrum, 영어로 클로이스터라 부르는 중정이 중세 수도원을 조직하는 공간 장치, 그 내부에서도 경계를 만드는 장치로 자리 잡는다. 중세 초기까지 클라우스트룸은 구체적으로 중정이라는 건축적 지칭으로 한정되어 사용되다가 시간이 흐르면서 수도원 자체를 지칭하는 말로 확장되었다. 성 베네딕도 수도 규칙 67장, 수도원장의 허가 없이 누구도 클라우스트룸를 벗어나지 못한다는 말이 근간이 되어 중세 이후 클라우스트룸과 모나스테리움monasterium은 동일한 뜻으로 사용되었다.[94] 수도원의 변천이 건축 유형론으로 설명되는 것이다. 건축의 조직이 곧 삶의 방식으로 인식되는 세계관이다. 건축가가 수도원에 매료되는 것, 승효상이 "건축에 대한 확신"을 확인하는 것은 이런 수도원의 속성 때문이 아닐까?

왜관 수도원의 완결성은 수도원 자체의 성격, 도시적 맥락, 수도원을 지표로 삼았던 승효상의 이력, 진화해 온 그의 설계 방법론이 연결되어 만들어진 총체적 결과다. 이에 비해 선곡서원은 상대적으로 열려있는 작업이다. 그 이유에 대해 앞서 장소적 해석의 어려움을 이야기했다. 또 한 가지는 서원이란 건축 유형과 맺는 새로운 관계. 서원은 성리학을 치국 이념으로 삼았던 조선 시대의 대표적인 산물이다. 사대부의 수양, 제자 양성, 지역 문화에 기여하는 것이 서원 본연의 역할이었다. 개인 수양에는 학문과 함께 조상을 모시고 제사를 지내는 일을 포함하였다. 서원은 기원전 중국의 학궁을 모델로 삼았다고 하지만 16세기 중반 이후 한국 건축 특유의 유형으로 자리 잡는다. 수도원 클로이스터가 고대 로마 주택의 중정을 따랐듯이, 서원도 채와 마당이 조합된 한옥의 형식으로 볼 수 있다. 서원을 건축 유형으로 연구해 온 조재모는 그 조직을 다음과 같이 정리하였다.

> 서원 경역의 전면에는 누각을 두어 외부로의 조망을
> 획득하면서 서원의 정면 이미지를 구축하였다. 누각의
> 안쪽으로는 강학 영역을 두었는데, 강당을 중심으로 좌우로
> 동서재를 대칭적으로 배치함으로써 세 개의 건물이 위요하는
> 마당을 구성하였다. 그 안쪽으로는 별도의 담장으로 둘러싸인

병산서원, 17세기 초

승효상과 이로재, 애월한거, 2025

경계

제향 영역을 배치하였다. 제향 영역은 사당을 중심에 놓고 제사에 필요한 전사청 등이 부속되었다. 이들 누각, 강당 및 동서재, 사당 및 부속 시설은 대체로 일직선의 진입 축을 따라 정연하게 배열되었으며, 각각의 영역을 독립적으로 구성하되 상호 연결되는 방식을 취하였다.[95]

선곡서원은 그 이름대로 누각, 강당, 동재와 서재, 사당을 갖춘 서원 배치의 전형으로 보인다. 하지만 앞서 분석했듯이 채 나눔이 아니라 선형 평면으로 구성되었다. 승효상의 작업에서 채와 마당의 구성 방식은 선곡서원이 아니라 조계종 전통불교문화원과 '애월한거'에서 잘 나타난다. 배치도상 선곡서원은 장방형 ㅁ자 평면의 중간쯤을 꺾어 중정을 열어 놓은 것처럼 보인다. 배치도의 추상과 달리, 현장은 몇 개의 채로 체험된다. 긴 콘크리트 박스를 띠로 인식할 수 있는 유일한 영역은 서원의 사당에 해당하는 명상 체험원의 접근로를 오가며 보게 되는 동측 입면이다. 이것이 선곡서원의 마술이다. 피정센터가 오래 진화해 온 관계망의 응집체라면 선곡서원은 새로운 출발이다.

왜관과 양평에 이렇듯 좋은 공간이 구현되었다. 그런데 혹자는 질문할 수 있을 것이다. 좋은 건축을 이해하려는 취지라 하더라도 저물어가는 수도원, 한참 전에 저문 서원에 이렇게까지 관심을 가질 필요가 있는가. 수도원과 서원은 한

때 고도의 지식을 생산하는 기지였다. 서로 다른 역사적 과정으로 대학이 그 역할을 하는 지금, 수도원과 서원에 관한 논의는 부질없는 것 아닌가. 이런 질문에 반문하겠다. 근대적 지식 생산의 중심으로서 이 시대의 대학은 어떠한가. 탈인본 시대, 양극화의 시대, 지식과 감각의 관계망이 근본적인 문제가 되어버린 지금이다. 대학은 위기를 넘어 무용론까지 제기되는 상황에서 수도원과 서원을 과거형으로만 보는 것은 어리석은 일이다. 왜관 수도원과 선곡서원이 보여주듯이 지식과 감각은 언제나 물질, 공간과 함께한다. 사람에게 몸이 있듯이 인공 지능은 필연적으로 하드웨어가 있다. 건축의 경계는 감각과 지식의 구성체다. 짧은 글로 이야기하기에는 무리임을 알면서도 수도원과 서원의 건축 유형을 논한 이유다.

피정센터의 완결성과 선곡서원의 가능성은 결과이자 과제다. 완결성이 있다는 것은 물론 아주 긍정적인 평가다. 소설이든, 영화든, 건축이든, 완결된 작업은 시대와 장소를 넘나들며 다시 보는 지표가 되기 마련이다. 동시에 일종의 구속이기도 하다. 특히나 건축가 자신에게 그럴 것이다. 이제부터 ㄷ자 조직이 등장할 때 피정센터를 떠올릴 수밖에 없다. 건축가가 "경계 위의 집"이라는 설득력 있는 이름까지 붙여준 이 집이 어떤 경계가 될지는 시간이 말해줄 것이다. 건축가, 건축주, 사용자와 시민의 교감, 소통, 실천의 과정이 보여줄 것이다. 비평가도 마찬가지다. 비평가와 작업 사이의 경계, 『감각의 단면』에서 "심오한 부조화"라고 불렸던 경계 또한 이런 매개자들의 관계 속에서 함께 변한다. 다시 말하건대, 완결성은 건축의 완성도로만 구현되는 것이 아니다. 완결성은 경계가 있음을 널리 말한다. 내부의 역량을 다지는 보호막이되 그렇게 다져진 지식과 감성이 변할 수 있는 매개체여야 한다. 사유와 감각의 경계이되, 진입 장벽이 아니라 소통의 통로가 되어야 한다.

マコ氏

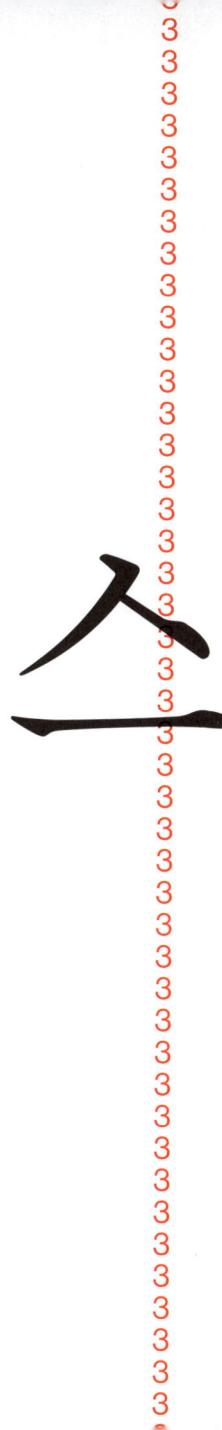

—이정훈과 조호건축 세우다, 쌓다, 덧대다—이정훈과 조호건축 세우다, 쌓다, 덧대다—이정훈과 조호건축 세우다, 쌓다, 덧대다—이정훈과 조호건축 세우다, 쌓다, 덧대다—이정훈과 조호건축 세

세우다, 쌓다, 덧대다 —이정훈과 조호건축

세우기, 쌓기, 덧대기는
몸을 감싸 자신을 드러내려는
욕망에 대응하는 방법론이다.
옷의 부드러움과 가면의 견고함으로
사물의 조직을 다스리는, 그것을
몸으로 만드는 즐거움을 아는 것이다.

옷을 입고 가면을 쓰는 것은 인류 문명만큼이나 오래되었다.
의상과 가면의 즐거움은 조각가, 화가, 건축가, 시인, 음악가,
연극인, 다시 말해서 예술을 하고픈 사람들을 움직였다. 모든
예술의 창조물, 모든 예술의 즐거움에는 카니발의 정신이
있다. 요즘 방식으로 표현한다면, 카니발 촛불의 연무에
예술의 진정한 분위기가 있는 것이다.

—— 고트프리트 젬퍼, 1860[96]

평범하게 마감된 플라스틱 덩어리가 수백 년 동안 정성 들여
만들어진 스테인드글라스의 빛깔만큼 아름답다면 그것은
세상에 존재하는 객관적인 진리에 대한 부정이라기보다는
한 사물을 주관적으로 바라보는 자의 방법론에서 그 이유를
찾을 수 있을지도 모른다. (…) 니체의 말처럼 진리란
실재하지 않고 오직 해석만이 존재하는 것이라면, 이미지의
실체란 오직 우리 자신이 사물을 어떻게 바라보느냐의
문제로 귀결된다. 이는 가시적 빛의 데이터만으로 재료의

물성을 단정 짓는 것에 대한 부정의 시작인 것이다. 그것은 사물에 대한 겸손이자 인식에 대한 신중함을 의미한다. 해석은 곧 선입견의 부정에서, 그리고 역설적이게도 사물의 본성을 순수하게 바라보는 데서 시작된다. 무한히 순환하는 이 질문의 고리는 결국 나만의 화두인가 아니면 세상의 이치일까? 빛은 흩어지고 이미지는 찬란하다.

―― 이정훈, 2013[97]

    세우고 쌓고 덧대는 것. 건축 공간을 만드는 세 가지 기본 방법이다. 집을 새로 짓거나, 확장하거나, 고칠 때에도 세우고 쌓고 덧대는 일이 모두 사용된다. 건축이 물리적인 공간을 만드는 일이라면 초보적인 기술을 사용하던 시대나 다양한 재료, 구법, 매체가 발달한 21세기나 세우고 쌓고 덧대는 원칙에는 변함이 없다. 콘크리트와 같은 근대적인 구법에서 세 가지 방법이 융합되기도 하지만, 각각의 원리는 명료하다. 선형의 목재나 철재를 세워 구조 뼈대를 만드는 것, 벽돌이나 돌과 같은 단위 부재를 차곡차곡 쌓아 벽을 만드는 것, 구조체에 얇고 가벼운 부재를 덧대어 공간을 나누고 마감면을 만드는 것. 세우고 쌓고 덧대기를 아우르는 방법에 따라 건축의 구실이 달라지고, 건축의 목적에 따라 그 표현이 달라진다. 이런 건축의 문제의식과 방법론을 '텍토닉스'라고 부른다. 사회와 기술의 변화로 집 짓는 방식이 급변했던

세우다, 쌓다, 덧대다

19세기, 서구에서 부상한 건축 이론이다. 텍토닉스는 단지 '어떻게'만이 아니라 '왜'를 묻는다. 현학적인 질문이라기보다 건축의 사회적 역할, 건축의 표현, 거주자의 체험에 대한 탐색이다. 조호건축을 이끄는 이정훈은 이런 총체적인 의미에서 텍토닉스를 실천하는 건축가다. 건축가의 성향을 논하기도 하지만 집을 짓는 방법론, 이정훈의 표현을 빌리자면 "사물을 주관적으로 바라보는 자의 방법론"에 따라 건축의 사회적인 구실을 가늠할 수 있다.

2019년부터 조호건축이 진행했던 양양 '설해원 클럽하우스'의 증축과 리노베이션은 어디서, 무엇을, 어떻게 세우고, 올리고, 붙여야 하는지 과감하고 현명한 판단이 필요했다. 리조트의 건축은 기본적으로 어렵다. 고객이 경험하는 공간은 여유롭고 매력적이어야 하고 공간을 운영하는 시스템은 치밀하고 기계적이어야 한다. 쳇바퀴 일상을 벗어나 즐거운 체험을 하고 여유로운 시간을 누리고자 휴양지를 찾는다. 그런데 리조트의 숙박 시설, 식당, 사우나, 골프 코스 등은 사람과 기계가 엮여 철저한 기획에 따라 움직이는 시스템이다. 리조트가 제공하는 서비스와 방문객의 움직임은 치밀한 공간과 시간의 패턴으로 짜여있는 것이다. 예를 들어 클럽하우스에 정차하여 골프 백을 맡기고 유유히 등록한 뒤 대기 공간을 거쳐 라운딩을 위해 코스로 향한다. 이 과정에서 골퍼는 친절하고 효과적인 서비스는 물론 아름다운 건축과 풍

248

이정훈과 조호건축, 설해원 클럽하우스, 2022

세우다, 쌓다, 덧대다

경, 맛있는 식사와 분위기를 기대한다. 다른 한편 골프 백과 골프 카트는 골퍼의 동선과 충돌하지 않으면서 예정된 라운딩 스케줄에 맞추어 움직여야 한다. 리조트의 건축은 이렇게 양극단의 조건을 만족시켜야 한다. 럭셔리와 로지스틱스를 동시에 풀지 못하면 그 경험이 실망스러울 수밖에 없다.

설해원은 설악산과 동해의 절경을 품은 리조트다. 아름다운 풍광을 가진 건축은 스스로 나서기보다는 잔잔한 차경의 장치가 되는 것이 중요하다. 그러면서도 건축이 리조트의 브랜드를 확인하는 존재감을 가져야 한다. 리조트 건축의 또 다른 어려운 조건이다. 설해원 클럽하우스는 리조트의 이런 일반적인 과제에 더해, 증축과 리노베이션 프로젝트라는 점에서 난이도가 증폭한다. 기존 시설에 덧대어 40여 년 전의 '스페인풍' 외관, 보수적인 인테리어 취향을 2020년대 감각으로 전환해야 했다. 증축과 개축을 하면서 시설을 사용할 수 있어야 하고 신축에 비해 시설 운영의 효율이 뒤지지 않아야 했다. 설해원은 세계적인 골프 코스를 확장하면서 골프 전용 시설을 가족형 리조트 단지로 키우려고 한다. 여기서 클럽하우스의 리노베이션이 핵심이다. 19세기 텍토닉스의 대표적인 이론가이자 건축가였던 고트프리트 젬퍼의 표현을 빌리자면, 리조트 건축은 카니발의 퍼포먼스와 함께하는 일련의 가면이다. 젬퍼가 말했듯이 수준 높은 가면의 건축, 그 '탈바꿈'은 단지 화장의 문제가 아니라 세우고, 올리고, 덧대는 일체의 행위를 포섭한다.

    조호건축이 설해원 클럽하우스의 여러 설계안을 탐색한 1년 반, 디자인 과정은 이러한 어려운 조건 속에서 진행되었다. 2019년 10월 조호건축은 붙이고 쌓고 세우는 영역, 그리고 주차장을 아우르는 조경까지 통합시킨 설계안을 제안했다. 이 초기안에는 클럽하우스와 숙소동의 리셉션을 하나의 웰컴 센터로 통합 운영하는 프로그램이 전제되어 있었다. 로커와 샤워 시설의 수직 증축 영역을 웰컴 센터와 연결하여 새로운 기조의 건축 매스로, 클럽하우스를 탈바꿈하는 안이었다. 주차장을 완만한 경사의 마운드 밑으로 조성하고 넓은 마운드에 가족들이 즐기는 공원과 산책로를 포섭하는 외부 공간 계획도 하였다. 기존 파사드에 외피를 덧대는 것을 넘어, 새로운 건축 공간으로 전체를 에워싸고 기존 건물이 융합되는 방식이었다. 초기안은 웰컴 센터를 중심으로 새로운 건축과 운영 패턴을 만드는 데 설계 역량을 집중했다. 여기서는 '남해 처마 하우스', '헤르마 주차 빌딩'에서 봤던 조호건축의 조형과 재료 감각이 돋보였다. 하지만 프로그램이 바뀌고 가용 예산이 구체화되면서 6개월간 열정을 쏟았던 통합안이 무산되었다. 붙이고 쌓고 세우는 영역들이 분리될 수밖에 없다는 조건이 명확해지면서 기존 건물을 인정하고 부분적으로 새로운 외피와 공간을 덧붙이는 전략으로 전환해야 했다.

세우다, 쌓다, 덧대다

현실적인 조건으로 건축의 방법론이 분절되었지만, 클럽하우스의 경험이 산만해져서는 안 된다는 것이 이정훈의 입장이었다. 새로운 설계 방향을 구상하며 내부와 외부를 각각 다른 방식으로 접근하는 전략을 택한다. 내외부 공간의 관계, 실내의 선형, 특히 천장과 지붕의 디자인은 조호건축의 책임이고 실내의 최종 마감은 인테리어 회사 계선이 맡았다. 인테리어 기조를 목재로 하여 실내 공간을 통합하는 효과도 있지만 특히 증개축된 영역의 천창이 빛과 공간의 흐름을 이어준다. 레스토랑 곡면 천창의 큰 제스처, 증축 공간의 스카이라이트, 설악 하늘의 빛이 천장면을 따라 흐르고 퍼진다. 골프 코스를 바라보는 수평 시선이 직설적으로 내가 어디에 있는지 알려준다면 천창의 빛은 같은 장소의 기운을 은근히 달래준다. 클럽하우스에 새로 부가된 공간이지만 처음부터 그랬던 것 같은 느낌이 이 건축의 탁월함이다.

실내의 덧대기와 다르게 외부 공간은 강렬한 세우기로 풀었다. 초기의 통합안에서는 클럽하우스 입구가 증축된 전체적인 매스와 같은 기조로 디자인되었다. 여기서는 기존 클럽하우스의 중앙 로비를 탈바꿈시키는 계획이 있었다. 이에 반하여 구현된 분절안에서는 올리고 덧댄 입면을 배경으로 물러서게 하고, 배경과 이질적인 구조체를 입구로 내세웠다. 이전에 로비의 박공지붕이 그대로 입구로 돌출되었다면, 리노베이션하면서 손님을 맞이하는 새로운 형체의 캐노피와

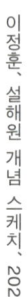
이정훈, 설해원 개념 스케치, 2020

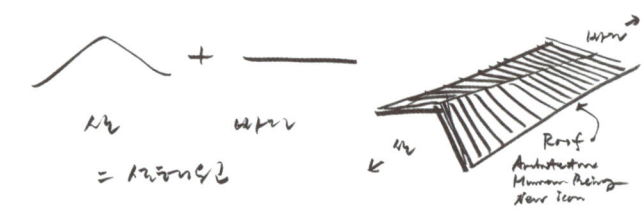

설해원 클럽하우스 페르골라

설해원 클럽하우스 카페테리아

이정훈과 조호건축

박공이 만나야 한다. 캐노피에 대한 고민과 수많은 제안 과정을 거쳐 결정된 최종안은 강렬한 페르골라의 형식이었다. 이정훈은 산과 바다를 매개하는 간명한 도형으로 캐노피의 개념을 제시했다. 캐노피는 초기의 ㄱ자 형태에서 출발하여 수평과 수직 부재가 명쾌하고 수려하게 세워지는 디자인으로 진화되었다. 직선 부재의 길이를 조정하여 입구 캐노피는 숙소동으로 향하는 곡면 보행로의 차양으로 변형된다. 이를 구현하기 위해 가공목재 글루램과 철골의 혼합 구조가 동원되었다. 나무의 감각이 지배하지만 개별 부재가 투박해지지 않도록 철재가 목재를 보강하고 구조적인 균형을 잡아준다. 철재 부재들은 수평 지붕과 수직 부재를 연결시키고 구조물이 기초에 가볍게 올라서게 하는 구실을 한다. 덧대고 올리는 부분들로 자칫 복잡해질 수 있었던 클럽하우스 전면을 강렬한 캐노피가 장악한다.

　캐노피는 설해원 전체를 상징한다. 캐노피는 조형의 힘에 더해 자동차와 사람의 서로 다른 움직임을 조율하는, 어쩌면 더 중요한 역할을 한다. 주차장, 클럽하우스, 보행, 자동차의 운행과 드롭 오프, 골프채의 운반을 포함한 라운딩의 로지스틱스가 설해원의 중심에서 적절하게 운영되도록 한다. 디자인의 핵심은 클럽하우스 진입로의 기하학이다. 바닥의 타원 모양에 따라 방문객의 보행거리, 캐노피의 위치, 주차장 면적, 자동차의 회전 경로, 임시 정차의 위치와 대수, 클럽하우스와 숙소 간의 보행 경로가 결정된다. 진입구의 화룡점정은 타원 연못이다. 세워진 캐노피, 바닥에 덧댄 연못, 수면에 비친 이미지, 이들이 어우러져 설해원에 들어서는 방문객을 사로잡는다. 구조체와 그 환영이 만든 모래시계 모양의 상징물, 맑은 설악의 풍광을 가로지르는 추상적인 조형물, 촘촘한 기둥 사이로 빛과 바람이 스며드는 열주랑. 낮과 밤, 안과 밖, 사람과 기계의 움직임에 따라 여러 모습으로 체험된다. 캐노피의 탁월함은 세우기의 원리에 충실한 가는 부재가 바닥과 벽의 덧댄 면과 어우러진다는 것이다.

설해원 클럽하우스의 설계 과정이 보여주듯 건축은 정해진 해답이 있는 것이 아니다. 같은 조건에서 여러 해법이 가능하고, 조건이 바뀌면서 세우고 쌓고 덧대는 전략이 함께 바뀐다. 정답이 없다고 해서 여러 해답을 오가다가 우연히 좋은 건축이 만들어지는 것은 아니다. 조호건축의 작업은 이 사실을 명확히 보여준다. 조호건축은 변하는 상황에 유연하게 대처하면서, 전혀 다르지만 명료한 디자인을 구현하였다. 이것은 건축가의 일관된 방법론, 조호건축이 설계 조직으로 축적한 지식과 경험을 공유하는 시스템으로 가능한 것이다. 이정훈은 유럽에서 실무를 마치고 귀국한 직후 1인 건축 사무실을 표방하며 디지털 미디어와 전통적인 텍토닉스의 결합을 시도했다. 초저예산의 헤르마 주차 빌딩은 기존 건물에 금속판의 덧대기로 풀었다. 또 '엔드리스 트라이앵글'과 '레

설해원 클럽하우스 일주랑

드 젠틀맨'처럼 세우기를 실험적으로 구현한 구조체를 만들기도 했으며, 국립현대미술관의 '시간의 정원'과 같이 빛과 그림자, 공간과 구조가 어우러진 작업을 해오고 있다. 2017년에는 제주 '클럽나인브릿지 파고라'로, 쌓고 세우고 덧대는 방법론으로 공간, 구조, 설비가 융합된 공간을 실현하였다. 이런 다양한 프로젝트의 과정에서 사람의 손이 필연적으로 함께한다. 디지털 프로그램의 역할이 확대된다고 해서 수작업이 중요하지 않은 것이 아니라 오히려 더 적극적인 역할을 해야 한다. 아날로그 스케치로 시작하는 이정훈의 명쾌한 발상, 디지털 프로그램이 만드는 입체적인 기하학과 실제 물리적인 현장 조건의 간극을 조율하는 것은 결국 사람에게 달려있다. 헤르마 주차 빌딩을 실현하는 과정에서 이정훈은 매일매일 현장에서 노동을 했다. 설계자와 시공자의 구별이 없는 어려운 현장이었다. 클럽나인브릿지 파고라와 같은 고급 프로젝트도 여러 사람의 손이 움직여 실현될 수 있었다. 건축 목적에 대한 작업 커뮤니티의 공감대가 있다면, 사물을 다스리는 육체노동은 힘들지만 궁극적으로 즐거움이 함께한다.

건축가로서, 메이커와 싱커thinker로서 이정훈의 매력은 프로젝트마다 다양한 해법을 찾는 방법론을 갖고 있다는 것이다. 그는 시스템과 유닛, 기하학과 패턴을 물리적인 실체로 발상한다. 그의 표현을 빌리면 "시간의 공간화와 기하학적 질서의 재편에 관한 질문"에 답하고 있다.[98] 설해원에서

세우다, 쌓다, 덧대다

보이듯이 시스템과 유닛, 기하학과 패턴으로 작업하는 이정훈은 고트프리트 젬퍼처럼 가면의 즐거움을 아는 건축가다. 세우기, 쌓기, 덧대기를 조율하고 융합하는 것은 몸을 감싸 자신을 드러내려는 욕망에 대응하는 방법론이다. 이것이 젬퍼의 '피복 이론'이다. 옷의 부드러움과 가면의 견고함으로 사물의 조직을 다스리는, 그것을 몸으로 만드는 즐거움을 아는 것이다. 이 즐거움은 무절제한 향락이 아니다. 19세기 급변하는 사물의 존재 양식을 고민했던 젬퍼, 그가 말한 카니발의 즐거움에는 그 뒤를 잇는 사순제와 부활절이 전제되어 있다. 카니발은 기독교 달력에서 2월 하순, 겨울의 끄트머리에서 시민이 여는 즐거운 축제다. 사육제 뒤를 잇는 사순제는 40일간 예수의 고행을 기리고 부활절을 기다리는 절제의 시간이다. 가면의 건축은 기쁨과 애도의 순환, 환상과 질서의 중첩된 과정에서 구실을 한다. 화장의 즉각적인 감각을 넘어, 물질을 다루는 창작의 원리를 말해준다.

카니발의 의상, 가면과 촛불처럼 리조트 건축은 판타지와 사물의 질서를 연결시켜야 한다. 리조트는 가장 인위적인 개입을 자연이라고 생각하게 하는 판타지의 세계를 만들고자 한다. 환상과 질서가 중첩된 리조트는 가면의 건축이 작동하는 방식을 가장 명확하게 보여준다. 건축가 최춘웅은 이정훈의 '플랫폼 L'을 평하면서 그 건축적인 매혹, 또는 유혹, "architectural seduction"이라는 표현을 썼다.[99] 감각, 매혹, 매

이정훈과 조호건축, 플랫폼 L, 2016

세우다, 쌓다, 덧대다

력, 유혹, 어떤 말을 써야 할지는 차후에 논하더라도, 이정훈의 건축은 사람을 매료시키는 데 여러 가지 방법이 있다는 것을 알려준다. 설악산과 동해 사이에 '스페인풍' 건축이 판타지를 구현하던 시기도 있었다. 특정한 교리를 넘어 사육제와 사순제가 즐거움과 절제의 순환, 계절의 순환을 실현한다고 한다면, 조호건축은 이들을 오가는 사물의 지혜, 이정훈이 말한 "사물에 대한 겸손이자 인식에 대한 신중함"을 확인시킨다. 카니발의 정신을 아는 조호건축의 탁월함이 여기에 있다. 절기의 순환을 우려하는 지금, 절실히 필요한 지혜다.

사발이 작품으로 진열되었을 때보다
차를 마시는 도구로 상 위에 놓였을 때 더 좋다.
상 위에 올려놓은 물건만큼이나 상 자체가 중요하다.
탁자는 사발만큼 오래된 발명품이다.
탁자라는 수평 기단에 올려놓은 사발과 수저는
건축이 쓰임의 기율임을 상기시킨다.

기물의 건축 — 조병수와 BCHO

나무가 거꾸로 자라나면, 사람이 그걸 바로잡는다. 사람의
걸음이 비틀거리면, 나무가 그를 버티어준다. 木倒生 人正之 人行危 木支之

— 이용휴李用休, 18세기 중반

프로젝트 첫날부터 재료에 대한 고민을 시작한다. 그렇게
재료와 시공에 대해 생각하면서 이 방법이 굉장히
효과적이라는 것을 종종 깨닫는다. 나는 부지를 위해,
사람들을 위해 이 재료로 무엇을 할 수 있을지 생각한다.

— 조병수, 2009[100]

    사물이 왜 중요한가. 건축의 구조와 재료, 건축이 만들어지는 방식에 왜 관심을 가져야 하는가. 기물명器物銘은 우리나라 전통 예술 형식 중에서 이런 질문에 대응하는 문학 장르다. 도구의 '기', 사물의 '물'이 합쳐진 기물은 일상의 물건을 지칭하는 것이고, '명'은 말을 새긴다는 뜻이다. 기물명은 사람과 사물 사이에 오고 가는 대화다. 18세기 문인 이용휴

책거리, 1800년대 후반

기물의 건축

는 한시 열두 자를 지팡이에 새겼다. 나무를 돌보고 가공하여 사용하는 사람, 지팡이가 되어 사람의 걸음을 도와주는 나무. 물질, 사물과 사람의 순환을 표현하고자 했다. 그런 이용휴는 조선 시대의 이단아 취급을 받았다. 양반 권력층이 신봉하던 성리학의 추상성을 비판하며 평범한 일상을 묘사하는 시를 썼다는 이유에서다. 그의 시는 사발, 책, 꽃, 과일, 도구의 모습을 담은 책거리나 기명절지화와 공유했던 일종의 기물 리얼리즘이었다. 서구에서는 일상 사물을 묘사하는 회화 장르 스틸 라이프still life, 고대로 거슬러 가면 "하찮은 오브제, 이런저런 물건을 묘사했던" 그리스의 로포그래피rhopography와 비견된다.[101] 로포그래피 반대편에는 영웅과 역사적 사건을 찬양하는 메갈로그래피megalography라는 장르가 있었다. 스틸 라이프는 우리나라에 유입되면서 '정물화'로 번역되었다. 19세기 말, 20세기 초 정물화라는 말이 한국 화가들 사이에 통용되기 시작하면서 기물화가 사라지고 기물명의 세계도 잊혔다. 기물명·기물화와 정물화의 가장 주요한 차이는 쓰임에 대한 관심이다.

조병수는 기물의 정신을 실현하는 건축가다. 이용휴가 지팡이의 물질, 그 쓰임을 인지하고 있었던 것처럼 조병수는 일상에 대한 인식을 환기시킨다. "재료에 대한 고민"에서 출발하는 태도와 함께 공간에 대한 입장을 다음과 같이 정리한 적이 있다.

조병수와 BCHO, '땅 집', 2009

기물의 건축

조병수와 BCHO, 지평집, 2018

조병수와 BCHO

나의 건축은 어찌 보면 일관된 관심사를 유지하고 있다. 주변 환경, 특히 대지와 긴밀한 관계를 맺고 소통하는 건축을 만드는 것이다. ㅡ자 집, ㄱ자 집, ㄷ자 집, ㅁ자 집, 땅 집 등 지난 작업을 보면 절제된 상자를 기존 맥락에 삽입함으로써 건축이 땅의 기운과 흐름 안에 안착하도록 만들었다.[102]

땅의 일부가 된 간명한 공간, 윤동주를 기리는 '땅 집'은 이미 한국 현대 건축의 고전이다. 조병수의 담백한 건축을 모더니즘의 유산으로 짐작하겠지만, 그의 "절제된 상자"는 모더니즘이 추구했던 공간과 궤를 달리한다. 조병수는 미스 반데어로에와 르코르뷔지에를 공부했지만, 열린 공간과 자유로운 평면을 따르지 않는다. 그는 현대 건축의 정수로 한때 칭송되었던 "흐르는 공간"에 관심이 없다. 학생 시절, 안도 다다오의 간명한 공간, 특히 스미요시 주택과 같은 초기 작업을 좋아했다. 그런데 안도는 프로젝트가 커지면서 움직이며 보는 건축, 시각적인 산책로를 만드는 데로 관심을 돌렸다. 시각에 천착한 안도의 후반기 건축은 젊은 조병수를 매료시킨 작업과는 거리가 멀다. 안도가 즐겨 연출하는 시각적 시퀀스는 조병수가 추구하는 공간의 대척점이라 해도 과언이 아니다. 조병수의 건축은 방과 방이 연결될 때, 외부와 내부가 교차할 때, 인식의 흐트러짐이 없다.

물질, 공간, 쓰임, 그리고 인식의 문제를 아우르는 조병수의 건축 원칙은 30년 넘는 실험, 협업, 현장의 몰입이 만든 것이다. 해외에서 학업과 실무를 마친 후, 한국에서 처음 지은 집이 신당동의 작은 다세대 주택이었다. 예산과 법규 문제 때문에 다른 사무실이 포기한 일을 맡은 이유는 일상의 집들이 한국에서 어떻게 지어지는지 경험하고 싶었기 때문이다. 프로젝트에 여유가 있든 없든 그 과정에서 언제나 학습이 있었고 일상을 통해 배웠다. 예산이 극히 제한된 '어유지동산 마을'의 이중 지붕은 주변 농가 우사의 소박한 함석 지붕과 비계 틀을 빌려 발상하였다. 이후 여건이 좋은 프로젝트에서도 이런 지붕 형식을 사용하고 있다. 'ㅁ자 집'을 만드는 과정에서는 콘크리트 표면을 흙손으로 닦아 별도의 방수층을 두지 않는 기법을 개발했다. 이른 아침 양생 중인 콘크리트를 닦는 미장공의 작업에서 영감을 얻어 터득했다. '한일시멘트 게스트하우스'에서는 패브릭 거푸집과 콘크리트의 재활용을 탐색하였다. 한일시멘트와 관계없이 사무실, 시공자, 매니토바대학교의 재료 연구소, 설계 스튜디오가 자체 진행한 것이다. 헤이리 '카메라타'에서 와이어를 쓴 직후에는 고려제강의 후원으로 설계 스튜디오를 통해 와이어 구조에 대한 탐색을 하였다. '지평집'에서는 개인 건축주와 협업으로 벽면 패턴을 개발했다. 콘크리트가 굳기 전에 거푸집을 떼어 호스로 물을 뿜는 기법은 젊은 시절 조각가였던 시공자가 건축주에게 전수한 것이다. 목업에서 시공까지 건축

↖ 지평집 외벽
↙ 지평집 외벽 콘크리트에 물 뿌리기
↗ 조병수와 BCHO, 한일시멘트 게스트하우스, 2009
↘ 조병수와 BCHO, 어유지동산 마을 지붕, 1999

주, 시공자, 설계자가 함께한 과정이었다.

 2000년대 들어와 작업의 폭을 넓힌 조병수는 땅, 플랫폼(기단), 매스, 스크린, 네 개의 요소로 자신의 건축 방법론을 정리하였다. 4요소는 그의 작업을 이해하는 통로로서, 특히 역사적인 맥락에서 넓게 접근할 수 있도록 해준다. 무엇보다도 19세기 독일의 건축가이자 이론가 고트프리트 젬퍼를 호출하게 한다. 혁명의 시대를 살았던 젬퍼는 급변하는 사람, 도구, 건축, 그리고 사회의 관계를 탐색했다. 정치적으로 망명하여 런던에 머무르던 1851년, 젬퍼는 런던 만국 박람회가 열리고 있던 수정궁을 방문했다. 수정궁에 전시된 카리브해의 '원시 오두막'을 보고 여기서 '건축의 4대 요소', 즉 화로, 기단, 지붕, 그리고 스크린을 확인하였다. 각각의 요소는 특정한 기술을 기반으로 정주의 기본 조건을 제공하며 상징과 마력까지 불러온다고 생각했다. 화로는 세라믹 기술로 제조된다. 온기를 주고 야생으로부터 보호해 주며 공동체의 중심으로서 역할을 한다. 기단은 돌이나 벽돌을 쌓는 조적술로 구축된다. 건물을 땅의 날生기운으로부터 띄우고 성역과 일상 사이의 경계를 지어준다. 지붕은 가구식 구조로 이루어지며 가장 눈에 띄는 건축 요소다. 외기로부터 보호하며 하늘과 관계를 설정한다. 스크린은 직물을 짜는 직조술로 만들어진다. 옷은 몸을 보호하며, 옷에 새겨진 문양은 사람의 신분을 알려준다. 옷처럼 스크린은 거주자의 아이덴티티를 알

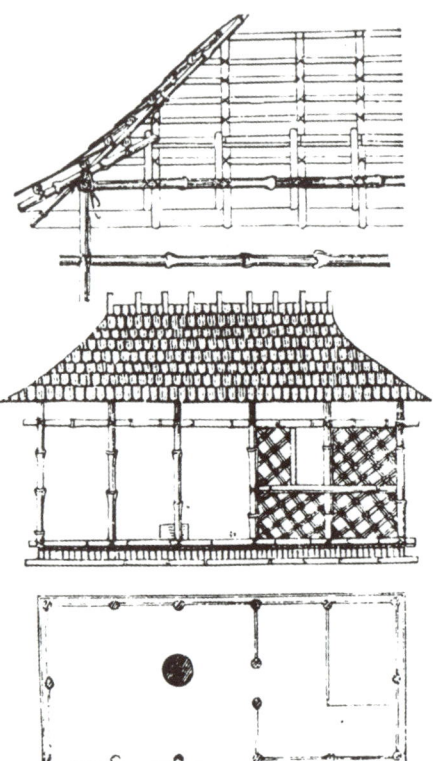

고트프리트 젬퍼, 카리브해 원시 오두막, 1851

기물의 건축

리는 요소다.

젬퍼의 4대 요소는 인류학적인 건축 이론이다. 반면 조병수의 4요소는 개인으로서, 건축가로서 성장하면서 형성되었다. 그중에서 땅은 가장 오랫동안, 건축가가 되기 전부터 특별한 의미가 있었다. 고등학생 시절 친구 어머니의 장지에서 사각 관이 땅에 묻히는 모습이 마음에 깊이 새겨졌다고 한다.[103] 땅은 젬퍼의 요소와 가장 다른 부분이며 서구와 한국의 전통이 명확하게 갈리는 지점이다. "땅에 대한 존중"은 조병수 건축의 시작이자 끝이다.[104] 반면 땅에 순응해야 하는 플랫폼, 매스, 스크린, 이런 인공의 요소들은 일련의 진화 과정을 거쳐 확인되었다. 매스와 플랫폼은 초기에 제시되었던 "절제된 박스"가 재규정되어 발현된 요소들이다. 플랫폼은 한국의 전통 건축과 현대 건축, 특히 미스 반데어로에를 통하여 오랫동안 인식하고 있었다. 하버드대학교 석사 논문과 ㅁ자 집에서 볼 수 있듯이 조병수는 일찍부터 인공의 바닥에 관심이 있었다.[105] ㅁ자 집 지붕의 콘크리트에 대한 고민은 기단에 대한 탐색이었던 것이다. 다만 이런 초기 작업에서는 플랫폼이 별도의 요소로 규정되지 않았다. '퀸마마 마켓', '전주 주택', '세 박공집' 같은 프로젝트들도 "박스 위의 박스"라고 설명하였다. 플랫폼이 독자적인 요소로 설정된 계기는 현대차 GBC 현상설계였다고 한다. 7만 5천 제곱미터 대지를 덮는 GBC의 거대한 기단을 "도시 위의 포디움"이라고 규정

조병수, '퀸마 스케치', 2015

Massive box
Light box
float & flow..

조병수, '현대차 GBC 스케치', 2016

기물의 건축

하고 "어번 커넥터"의 구실을 하도록 구상했다.[106] GBC라는 메가 프로젝트, 도시 스케일에서 플랫폼의 역할이 핵심이었기 때문에 기단이란 독립적인 요소가 필요했다. 수곡리 땅에 상자를 삽입하는 것과 대도시에 인공 대지를 조성하는 것은 전혀 다르다. 도심의 혼재된 민간과 공공 영역을 구분하고 연결하는 데 기단은 필수적인 건축 요소였다.

이렇듯 조병수의 4요소는 복합 시설을 통해 형성되고 확인되었다. 이 중에서도 '키스와이어 센터'와 지평집은 조병수의 건축적인 역량을 넓고 깊게 보여주는 수작이다. 키스와이어 단지는 부산 망미동의 옛 고려제강 공장을 상업 문화 시설로 개조한 F1963, 기업 박물관과 연수원, 기숙사, 그리고 사무동까지 네 구역으로 구성된다. F1963은 평평한 대지에 가장 넓은 영역을 차지하고 있다. 전시 갤러리와 상업 공간으로 전환된 공장 내부는 옛 목재 부재, 새로운 와이어와 철재 부재가 병치되어 있다. 새것과 기존의 것이 중첩된 실내와 대조적으로, 출입구는 푸른색 타공 스크린이 옛 공장의 윤곽선을 따르는 간명한 형태로 정리되었다. 스크린이 옛 공장을 연상시키며 밝고 가벼운 로비가 조성되었다.

F1963에 인접한 나지막한 언덕에는 키스와이어의 신축 시설들이 배치되었다. 직삼각형 모양의 언덕 세 변을 따라 기념관, 기숙사, 사무동이 자리 잡고 있다. 언덕 서측 변에는 기념관의 다양한 시설을 품은 직사각형 콘크리트 박스가 배

조병수와 BCHO, 키스와이어 박물관과 사옥·F1963, 2014·2016

F1963 입구 로비

기물의 건축

치되어 있다. 기념관은 다시 실외 강당, 박물관, 연못, 그리고 연수원, 네 영역으로 나누어진다. 박물관은 나선형 계단을 한가운데 둔 무주 공간이다. 박물관 지붕은 수평 보나 트러스가 아니라 기념관 외부 바닥에 앵커를 둔 일곱 개의 케이블이 현수 구조를 이루어 지탱한다. 나선형 계단도 와이어의 지지를 받아 중정 연못을 지나 연수원 사무동과 연결된다.[107] 별도의 박스 영역을 차지하는 연수원은 벽체, 기둥, 보의 통상적인 구조로 적층되다가 최상단 파빌리온의 넓은 평지붕이 바람에 뒤틀리지 않도록 와이어가 잡아주고 있다. 고속도로와 주차장 진입로에 면한 기념관 서측에는 도시적 스케일에 어울리는 단순한 콘크리트 벽면이 자리 잡고 있다.

사무동도 간단한 직사각형의 하이브리드 구조다. 철제 프레임으로 기본 틀을 만들고 바닥을 와이어에 매달아 기둥을 없앤 열린 업무 공간이다. 언덕에 묻힌 사무동은 외부 공간 곳곳의 철제 부재와 벽체들이 주변과 어우러지도록 하였다. 인접 주택가를 면한 가파른 경사면에는 규모가 가장 작은 기숙사가 배치되어 있다. 단지 안쪽은 땅에 파묻혀 있고, 언덕이 마주한 주택가 방향으로는 3층 입면이 방의 모듈에 따라 분절되어 있다. 언덕 주변의 도시적 맥락이 방향에 따라 다르기에 시설마다 인접지와 어울리는 각자의 모습을 갖추었으며, 언덕 안쪽으로는 이질적인 요소들이 어우러져 있다. 4요소 중에서 특히 플랫폼은 높낮이 변화가 많은 대지를

키스와이어 박물관 연못

따라 동선과 시선을 연결시킨다. 수평 기단은 경사지를 정리하기도 하고 지붕 구조가 되기도 한다. 사무동 옥상 주차장의 수평 지붕은 구조 프레임의 최상단이면서 사무동 덩어리로부터 띄워 올려놓았다. 이 지붕은 도시 풍경의 수평선이자, 밟아 올라서는 바닥면의 구실을 한다. 각각의 영역이 자기만의 구조, 공간, 재료적 특성을 가진 키스와이어 단지는 하이브리드 건축의 정수다. "부분들은 하나의 통일된 공간이나 형태 혹은 재질을 갖기보다는 각각 그 기능과 프로그램에 충실하면서 독립된 객체로 땅과 주변의 맥락에 따라 읽힐 수 있도록 했다." 소박한 어유지동산 마을에 대한 조병수의 설명이, 키스와이어에도 잘 어울린다.

    F1963보다 훨씬 작지만 지평집 역시 복합체의 풍부함과 아름다움을 갖고 있다. 남해를 바라보는 거제 해안에 있는 지평집은 연면적 450제곱미터 규모의 게스트하우스다. 여덟 개의 객실, 리셉션, 사무실을 포함하여 해변 경사지에 배열된 다섯 개의 콘크리트 상자(외부 주차 공간까지 포함하면 여섯 개)로 구성된다. 리셉션과 사무실, 가족형 객실 상자는 경사지 상단에, 여섯 개의 단독 객실을 담은 세 개의 상자는 하단 물가에 배치되어 있다. 이런 상자들은 방문자를 주차장에서 리셉션으로, 마당을 거쳐 숙소로, 그리고 숙소 안에서 바다로 안내한다. 경사지에 배열된 상자의 내부, 위와 아래를 밟으며 땅과 친숙해진다. 객실의 바닥, 객실을 따라 오르

지평집 기단 지붕

지평집 객실

조병수와 BCHO

고 내리는 좁은 계단도 대지의 경사를 따라간다. 조병수가 좋아하는 절제된 상자는 땅과 하늘의 흐름에 순응한다. 바닷가 숙소와 언덕 위 리셉션을 오가면서 변하는 빛과 전망을 차분히 만끽한다. 객실 입구의 나무 스크린으로 거른 햇빛을 받기도 하고 펼쳐진 하늘과 바다를 들이쉬기도 한다. 우리는 눈의 관심을 따라 움직이는 것이 아니라 땅과 하늘을 따라 움직인다. 건축이 장소보다 중요한 순간이 어디에도 없다.

지평집은 기단과 매스가 상자에서 별도의 요소로 분리되었다는 것을 알려준다. 완만한 경사를 따라 땅이 일련의 기단으로 정리되었다. 땅과 기단의 흐름은 바다로 향하면서 객실 상자의 지붕으로 전이된다. 객실의 수평 지붕은 땅의 흐름을 이어주고 바다의 수평선에 대응하는 기단이기도 하다. 지붕-기단 아래 파란색 바다가 보이면서 콘크리트 슬라브가 떠있는 것 같다. 객실 벽면 상단에 띠창을 두어 파란색 바다가 실내 공간을 통해 보이는 것이다. 2017년 7월 스케치에서 조병수는 이 기단을 "틈새 위에 떠있는 면"이라고 묘사했다. 중력을 거스르는 듯한 인위적인 건축 행위가 땅과 바다의 존재를 인식하게 만든다. 숲에 둘러싸인 ㅁ자 집과 같은 건축의 역할이다. ㅁ자 집에서는 땅에 묻힌 상자의 지붕이 기단이기도 했다면, 지평집의 지붕은 바다 위에 떠있는 기단이 되었다. ㅁ자 집은 하나의 지붕이라면, 지평집은 여러 개의 지붕이 땅의 흐름과 함께 연결되어 있다. 땅과 기단

조병수 BCHO, 미자 집, 2004

을 밟고 매스 사이로 움직이면서 틈새들이 시선을 받는다. 몸이 움직이지만 불필요한 사물들이 유도하는 움직임이 아니다. 다음으로, 다음으로, 계속 시선을 움직이게 하는 것이 아니라 인식을 머무르게 한다.

조병수의 땅, 기단, 매스, 스크린은 젬퍼의 4대 요소처럼 물질과 사물, 건축과 기술을 커뮤니티와 연결시킨다. 어유지 동산 마을과 '온수리 마을', 키스와이어 센터와 지평집, 이런 복합 공간에서 그 구실이 풍성하고 선명하다. 땅 집과 ㅁ자 집이 기본형이라면, 지평집과 키스와이어는 확장형이다. 이런 복합체들도 땅에서 출발하였다. 건축가 자신도 키스와이어를 "거대한 땅 집"이라고 부르지 않았는가.[108] 땅 집과 ㅁ자 집은 우리의 지각을 보듬고 길러준다. 하지만 지각에만 몰두하면 조병수가 강조하는 경험의 가치가 간과될 수 있다. 고요함은 홀로 있을 때보다 남과 함께할 때 분명해진다. 조병수는 왜 열린 공간을 지양하고 상자를 만들까. 그는 어유지 동산 마을로 이미 답한 바 있다. "그래야만 이 한정된 공간 안에서 일하고, 쉬고, 먹고, 자고, 기뻐하고, 슬퍼하며 살아가야 할 젊은 친구들이 때론 숨기도, 넋을 잃고 앉아있기도, 서로의 기쁨과 슬픔을 지켜보기도 하고, 엉키고 흩어지면서 살아갈 수 있을 거라 생각했다."[109] 조병수의 작업이 일련의 기물화와 같은 작업이라면, 나는 한 가지가 있는 그림보다 여러 사물이 배열된 구도가 좋다. 구본창의 사진처럼 사발 하나가

공중에 떠있는 모습은 틀림없이 아름답다. 하지만 나는 사발과 사진이 예술품이 되는 것보다 여러 용기가 식사를 위해 놓인 것이 좋다. 상 위에 올려놓은 물건만큼이나 상 자체가 중요하다. 탁자는 사발만큼 오래된 발명품이다. 수천 년 전 사발의 모양과 기능은 탁자와 함께 진화하였다. 탁자라는 기단 위에 올려놓은 사발과 수저는 건축이 쓰임의 기율임을 상기시킨다. 그래서 나는 땅 집보다 지평집을 더 좋아한다.

건축은 물질 체계의 발현 양식이다. 콘크리트와 철은 모든 곳에서 그 물리적인 속성이 동일하기에 보편적 재료라고 할 수 있다. 하지만 그 작동 방식은 장소에 따라 다르고, 시대와 함께 계속 변한다. 조병수의 건축은 땅에서 출발함에, 그 담백함에, 원리주의적이라는 인상을 줄 수 있다. 땅은 인간의 유한함을 말한다. 사람이 만든 사물은 사람보다는 더 오래갈 수는 있겠지만, 영원불변한 것은 아니다. 사람과 자연을 구분하지 않았던 한국의 전통적인 세계관을 지금의 건축에 담으려는 건축가이기에, 노자와 마크 트웨인을 좋아하는 조병수이기에 물질은 역사와 함께 변한다는 것을 잘 알고 있다. 젬퍼의 4대 요소와 조병수의 4요소는 사물의 필연적인 변화를 전제하고 있다. 사회와 기술의 변화에 따라 건축의 요소는 불확정적이다. 근대 이전의 돌은 기단 또는 벽을 쌓는 재료였다. 그런데 20세기 기술의 발달로, 돌은 얇은 판으로 썰어 씌우는 재료로 더 많이 사용된다. 재료마다 생산, 사

조병수, ㅁ자 집 스케치, 2004

기물의 건축

용, 폐기의 특성이 있지만 지역과 역사적 특수성에 따라 그 발현 양식이 다르다. 콘크리트와 철의 서사는 한 가지만이 아니다. "한강의 기적"이 콘크리트와 강철의 한국적 영웅 서사였다면, 조병수의 건축은 일상에 관해 이야기한다. 서사에 대한 인식 또한 변한다. "한강의 기적"이란 메갈로그래피는 더는 감동을 주지 않는다. 기후 변화에 대응하고자 한다면 콘크리트의 의미가, 집을 짓고 부수는 방식이 변해야 한다. 조병수의 건축은 사물의 존재 이유, 그 물질에 관한 질문을 던진다. 정답이 없는 질문이다. 기물의 건축가 조병수는 물질이 생명의 기본이라는 것을, 우리가 인식하는 공간의 경계를 넘어 물질이 작용한다는 것을 상기시킨다.

닉 카르마 — 조남호와 솔토지빈 텍토닉 카르마 조남호와 솔토지빈 텍토닉 카르마 — 조남호와 솔토지빈 텍토닉 카르마 — 조남호와 솔토지빈 텍토닉 카르마

건축이 협업이듯,
건축가와 비평가도 인연의 고리로
함께 변한다.
건축은 집을 만들고,
집은 생각을 담아 다시 건축이
되는 인연의 고리다.

한국 건축의 파편은 불안정하면서도 지속적인 힘을 갖고
있다. (…) 파편은 그 자체로서 비난해서는 안 된다. 파편은
한국 현대 건축의 가장 기본적인 형성 조건이자 그 이해
방식이다.

— 배형민, 2011[110]

인간 중심의 역학적 세계관에서 전체의 부분은 한 요소 또는
도구적 수단에 불과하다. 생태학에서는 부분에 대한 명확한
개념 없이 부분에서 전체로, 전체에서 부분으로 나아갈 수
없다. 부분은 작지만 고유한 성질을 갖고 있다. 전체에
속하면서 옆으로 다른 부분과 만나며, 위로 더 큰 전체와
연대하는 부분이 있다. 세포는 재료가 되고, 디테일이
구조물이 되며, 더 나아가 공동체를 이루어 도시를 만든다.
이것이 "부분의 원리"다. 역학적 세계관에서 생태학적
세계관으로, 패러다임의 전환이 그 바탕이다.

— 조남호, 2024[111]

조남호와 솔토지빈

비평가와 건축가, 큐레이터와 작가가 긴 시간을 두고 문제의식을 공유하며 함께 좋은 일을 도모할 때가 있다. 나는 이런 관계를 '인연'이라고 부르고 싶다. '인연'은 산스크리트에서 유래된 불교 용어다. '인因'은 어떤 결과의 직접적인 원인이고 '연緣'은 외적인 환경을 말한다. 예를 들어 씨앗이 나무의 발원인 '인'이라고 한다면, 씨앗과 나무의 성장을 좌우하는 햇빛, 공기, 토양은 '연'이다. 씨앗과 나무의 '인'은 변하지 않는다. 반면 그들의 환경 '연'은 변한다. 인이 결정된 것이라면 연은 열려있는 불확실의 영역이다. 잘못된 관계의 고리가 반복되면 고착된 운명이 된다. 반면 건강한 인연은 열린 미래가 전제된 변화가 있다. 나는 비평가로, 조남호는 건축가로, 각자가 변하고 또 세상과 함께 변한다.

조남호와의 인연은 재료와 구법에 대한 관심에서 시작되었다. 건축가로서 그의 꾸준한 작업, 비평가·큐레이터로서 나의 원고와 기획이 만난 것이다. 2009년 《중앙선데이》 연재에서 처음 그의 건축에 대해 글을 썼다. 당시 대표작인 '교원그룹 도고 게스트하우스'는 한국 현대 건축에서 극히 드문 목구조로 구현되었다.

> 게스트하우스는 여러 겹의 공간이다. 가까운 경치와 먼 경치가 어우러져 있고, 넓은 지붕면의 막힘과 투명한 라운지의 유리 공간이 어우러져 있는 깊은 공간이다.

텍토닉 카르마

조남호와 솔토지빈, 교원그룹 도고 게스트하우스, 2000

교원그룹 도고 게스트하우스 내부

조남호와 솔토지빈

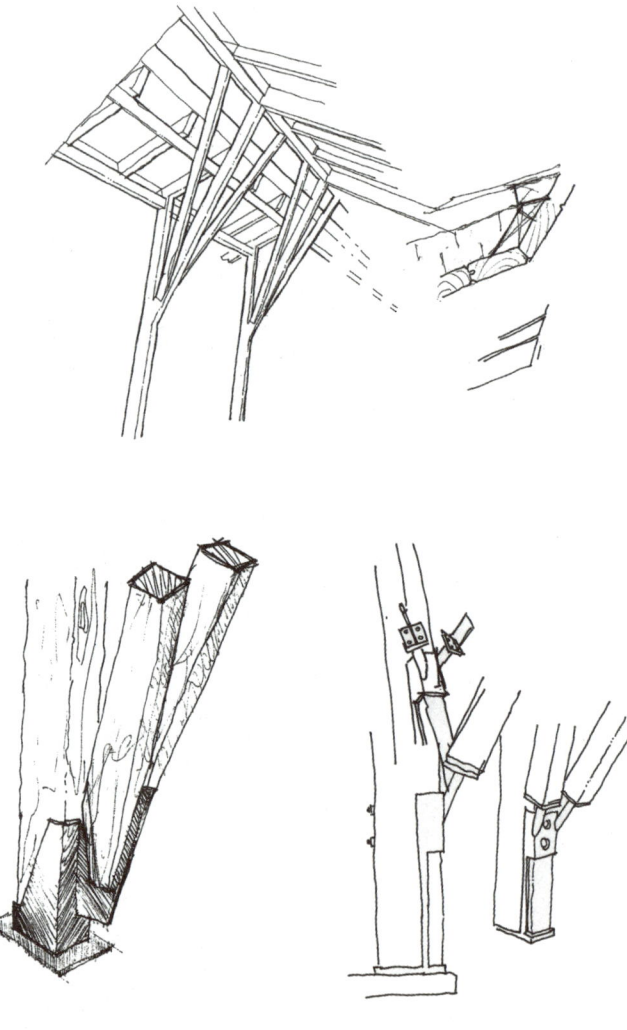

조남호, 교원그룹 도고 게스트하우스 목구조 스케치, 2000

텍토닉 카르마

라운지로 들어간다. 집 밖에서 보았던 넓은 지붕이 집 안에서는 높고 경사진 나무 천장으로 그 모습을 다시 드러낸다. 로비에는 다섯 개의 기둥이 가로지르고 있다. 각각의 기둥에서 나뭇가지가 네 개씩 뻗어나가 넓은 지붕면의 보와 서까래를 받치고 있다. 부재가 가늘고 재료가 통일되어 있기 때문에 전혀 거추장스럽지 않다. 이 구조재를 글루램이라고 부른다. 나무 각재를 여러 겹 접착하여 만든 가공 목재로 구조적인 성능이 뛰어나고 화재에도 잘 견딘다. 목재 단면의 치수를 2인치 단위로 두는 '2×4', '2×6' 등 표준화된 서구식 공업 목재다. 길고 가는 부재로 쓸 수 있고 넓고 얇은 판으로 쓸 수 있다. 공간을 감싸주기도 열어주기도 하는 목재의 속성을 이용하여 건축가는 깊고 투명한 공간을 만들어낸 것이다.[112]

"여러 겹의 공간", "깊고 투명한 공간", 목조 부재와 그 조합이 열어주는 공간을 중심으로 도고 게스트하우스를 묘사했다. 목구조의 텍토닉스에 대한 관심은 큐레이터로 조남호와 협업한 프로젝트에서 이어졌다. 2015년 국립아시아문화전당 건축 컬렉션의 큐레이터로 일할 때였다. 1:1 실물 건축 부재를 모으고 새로운 건축 요소를 디자인, 제작, 소장하는 '건축 생산 워크숍'을 기획하였다. 건축 생산 워크숍은 목재를 주제로 조남호와 구마 겐고를 초대하였다. 조남호는 가벼

조남호, 구축적 공간체, 2015

운 경골 목재로 한국 전통 건축의 무거운 기둥과 지붕 부재를 재해석하는 '구축적 공간체'라는 파빌리온을 발상하였다. 경골 목구조의 표준 각재는 일반적으로 좁은 간격으로 배열되어 넓은 벽면과 바닥을 만든다. 구축적 공간체는 '60밀리미터×60밀리미터' 표준 각재를 네 개씩 조합하여 기둥과 보를 만들었다. 각재를 접착시켜 글루램 같은 큰 부재를 만드는 것이 아니라 새로 개발한 우레탄 커넥터로 연결하여 각재의 치수와 비례가 드러나도록 했다. 건축학과 학생들과 함께 조립한 구축적 공간체는 60밀리미터 각재 요소 하나의 조합으로 기둥, 보, 벽면, 천장의 입체적인 체계를 갖춘 공간이다. 교원 게스트하우스가 중목 구조의 공간을 탐색했다면 국립아시아문화전당에서는 경골 목조의 가능성을 확장시켰다. 작은 설치 작품이었지만, 건축가에게 부분과 전체라는 큰 주제를 만들어가는 중요한 변곡점이었다.

조남호와의 인연은 8년이 지나 '숨 쉬는 폴리'로 이어졌다. 나는 제5차 광주폴리의 총감독을 맡아 기후 변화와 순환 경제를 주제로 광주 도심에 작지만 실험적인 건축 프로젝트를 기획하고 있었다.[113] 참여 건축가로 가장 먼저 조남호를 초대했다. 국립아시아문화전당의 경험을 배경으로 이동 가능한, 가변형 목재 시스템으로 만든 친환경 폴리를 요청했다. 그는 내 요청을 수용하면서 첫 미팅에서 바로 숨 쉬는 폴리를 제안했다. 구축적 공간체 이후 조남호는 숨 쉬는 건축, 약한 건축을 탐색하고 있었던 것이다. '인왕산 숲속 쉼터' 지붕에서 부분적으로 시도했던 숨 쉬는 건축의 방법론을 광주에서는 전체적으로 적용하겠다는 뜻이었다. 나는 2017년 서울도시건축비엔날레를 통해 구체화된 기후 변화에 대한 문제의식을 〈기후미술관: 우리 집의 생애〉 전시를 거쳐 '순환폴리'로 이어가고 있었다. 사물의 생산, 소비, 폐기에 대한 나의 관심이 조남호가 키워가고 있는 생태적인 건축과 만난 것이다. 좋은 일은 또 다른 좋은 일을 낳는다. 조남호가 숨 쉬는 폴리를 진행하던 2022년 여름, 서울숲 야외 공연장을 조성하는 서울시 공공 미술 공모에서 '숨 쉬는 그물'이 당선되었다. 서울숲의 숨 쉬는 그물과 광주 도심의 숨 쉬는 폴리는 모두 독보적인 목조 컨설턴트로서 건축가와 긴 시간 협업해 온 수피아 건축과 함께 구현했다. 숨 쉬는 폴리에서는 이병호라는 뛰어난 환경 디자인 컨설턴트의 조력으로 지속 가능한 엔지니어링 시스템을 갖추게 되었다. 무산된 은평 미래도시주거 사업 이후, 이병호 박사와 10년 만에 다시 협업하게 된 것이다. 좋은 일은 좋은 사람과 연결시킨다. 텍토닉 카르마의 건강한 기운은 이렇게 확산한다.

 목구조의 텍토닉스에서 숨 쉬는 건축까지 이어지는 인연은 한국 건축에서 특이하고 특별하다. 한국 현대 건축에서 목조의 공간과 디테일을 논할 수 있는 프로젝트는 지금도 드물다. 철골 구조도 상황은 비슷하다. 1980년대부터 세계 최고의 철강 산업을 갖고 있음에도 불구하고, 철골 구조는 고층 빌딩이나 대형 실내 공간의 효율적인 구현을 위해 쓰는 정도다. 이유는 간단하다. 콘크리트가 우리나라 건설 산업을 지배해 왔고, 그에 따라 집을 짓는 방식이 한정되었기 때문이다. 목구조는 2000년대 들어서야 조금씩 관심을 받기 시작했고, 국내 목재 산업은 빈약하여 건축 목재의 90% 이상을 수입에 의존하고 있다. 제한된 건설과 재료 산업, 오랫동안 이어진 건축 자재의 수입 규제로 한국 건축은 텍토닉스를 거론할 여지가 많지 않았다. 콘크리트는 덩어리로 형태를 만들기 때문에 부재를 연결하는 철골이나 목구조, 돌과 벽돌을 쌓는 조적조와 전혀 다른 성격의 집을 만든다. 노출된 콘크리트가 가질 수 있는 정교한 품성과 디테일은 주로 서구와 일본에서 보았다. 우리나라는 2000년대에 들어서야 콘크리트의 기술과 미학을 갖춘 프로젝트들이 구현되기 시작했다. 더 근본적인 문제는 콘크리트와 목조가 전혀 다른 기로에 서 있다는 것이다. 세계 탄소 배출량의 8%를 차지하는 콘크리트 중심의 건설 산업에서 우리나라는 탈피해야 한다. 동시에 산림 정책, 산업 기반, 설계와 시공 역량, 모든 측면에서 열악한 목조 건축이 성장해야 한다. 당면한 이런 현실이 조남호의 숨 쉬는 건축에 더더욱 주목하게 한다.

    건축이 숨 쉰다는 발상은 근대 건축이 추구해 온 환경 패러다임을 뒤집는다. 공기를 들이마시고 내뱉듯이 건물이 환

조남호와 솔토지빈, 숨 쉬는 그물, 2023

텍 토 닉 카 르 마

소남호와 솔토지빈

경과 적극적으로 조응한다는 것이다. 살림집은 사람을 보호하기 위해 위, 아래, 옆으로 보호막을 만들고 적절하게 개구부를 만든다. 벽, 지붕, 바닥의 양태에 따라 집이 환경과 조우하는 방식도 달라진다. 집이 인접한 땅과 맺는 관계는 일상적으로 인식하지만, 훨씬 넓은 세상과 연결되어 있다는 사실은 망각한다. 집을 지을 때 건폐율과 용적율, 인동 간격, 높이 제한 등 건축과 도시 계획 법규가 작용한다. 공익을 위한 물리적인 공간의 제한은 근대기에 제도화되었지만, 건물의 에너지에 관해서는 독립된 에너지계로 설정한다. 자본주의의 논리처럼 개별 건물은 최대한 밀폐되어 전체 에너지와 관계없이 자기중심의 효율을 추구한다. 설비, 단열, 방수를 비롯한 자재 산업은 외부의 공기, 열, 습기를 차단하는 기술을 중심으로 발전했고 냉난방과 공기 순환은 기계 시스템으로 보편화되었다. 기후 변화를 의식한 이후에도 건물 에너지는 일반적으로 그 자체의 에너지에 국한하여 산출한다.

건물은 독립된 에너지계가 아니다. 건물이 자기 효율을 위해 사용하거나 거부하는 에너지는 사라지지 않는다. 확장된 에너지계가 전체이고 건축을 그 부분으로 보려면 패러다임의 전환이 필요하다. 건축 설계의 방법은 물론 건축에 대해 말하는 방식도 바뀌어야 한다. 에너지는 복잡하고 변수가 많아 판단하기 아주 어렵다. 전 과정 평가 기제는 발달하고 있지만, 에너지를 넓게 보는 건축은 산발적인 수준에 머물러

있다. 전환은 갑자기 이루어지는 것이 아니며 모든 것을 버려야 하는 것도 아니다. 숨 쉬는 그물과 숨 쉬는 폴리는 이런 탐색의 현장이다. 조남호의 숨 쉬는 건축은 교원 게스트하우스와 구축적 공간체에서 보았던 부분과 전체에 대한 관심과 이어지면서 '약함'이라는 목재의 속성으로 발상되었다. 약함은 가벼움의 동반 성질이다. 나무의 분자는 미세한 공극을 갖고 있다. 나무는 반복적인 분자 사슬의 고분자 화합물로, 무게에 비해 상대적으로 강한 재료다. 숨 쉬는 그물과 숨 쉬는 폴리는 각기 목재의 약한 속성을 다르게 이용하였다.

숨 쉬는 그물은 경량 목재가 벌집 모양의 상자 모듈로 구성된다. 깊이와 부피를 가진 숨 쉬는 상자들을 쌓아 수직 '벽체'가 올라가고 그 위로 철골과 목재의 하이브리드 보가 올라간다. 벌집 상자들은 공연장 음향 효과를 도모하고, 화초와 벌집, 여러 생명 현상을 품는다. 나무 분자의 다공 구조가 건축의 다공 형태와 이어지고, 이런 열린 공간이 생태계와 호흡한다. 바람과 소리, 햇빛과 그늘, 벌과 씨앗을 받아들이는 공원 속의 기하학적 존재다. 숨 쉬는 그물에서는 부분과 전체의 논리가 생태적인 건축과 명쾌하게 조율되어 있다. 숨 쉬는 폴리는 다른 조건 속에서 다른 방법론이 적용되었다. 숨 쉬는 폴리는 소박한 야외 공연장을 지원하고 열 명 내외가 편하게 활동하며 휴식도 할 수 있는 공공시설이다. 실내의 역할이 중요하여, 당초 목표한 해체-조립을 통해 이동하

수피아 공장에서 광주로 운반 중인 숨 쉬는 폴리

조남호와 솔토지빈, 숨 쉬는 폴리, 2023

텍토닉 카르마

는 게 아니라 구조체 전체가 움직이도록 하였다. 일조와 태양광 패널의 효율에 따른 배치, 자연 환기를 도모하는 실내 공간과 개구부의 구성, 나무 각재와 투습력이 뛰어난 재생 종이 단열층으로 구성된 벽체, 숨 쉬는 건축의 여러 면모를 갖추었다. 이동이 전제되었기 때문에 전체 제작이 인천 수피아 공장에서 진행되었고, 그 결과 정교한 디테일이 구현될 수 있었다. 얇은 나무와 종이, 약한 재료들이 겹친 세포막 같은 벽체는 외부 환경을 배척하는 것이 아니라 적절한 리듬으로 열과 습기를 들이쉬고 내뱉는다. 눈에 보이는 모든 재료가 나무여서 폐쇄적인 느낌을 지레짐작할 수도 있지만 그물망 같은 벽면과 천장, 은은한 편백 향기로 특별한 공간이 만들어졌다.

숨 쉬는 그물과 숨 쉬는 폴리는 모두 중목 구조나 경골 목조의 전형을 따르지 않았다. 교원 게스트하우스와 구축적 공간체는 부재의 연결과 표현에 초점이 있었지만, 숨 쉬는 건축은 새롭게 부분과 전체를 발상했다는 점에서 놀랍다. 열린 공간, 간결한 형태, 비례와 완성도라는 가장 모던한 감각과 규범을 따르지만 기둥, 벽, 보, 지붕, 바닥이 새로운 성능과 형식을 찾았다. 조남호의 숨 쉬는 건축은 우리가 전제하는 모든 규범과 방법을 버리라고 하는 것이 아니라, 탐색과 실험을 거쳐 새로운 건축을 익힐 수 있다고 말한다. 가볍다. 무겁다. 강하다. 약하다. 열려있다. 닫혀있다. 교원 게스트하우

숨 쉬는 폴리 입구

스에서 숨 쉬는 폴리까지 조남호의 작업에 대한 감각적이자 상대적인 수치의 언어다. 벌집 상자와 세포막 벽체는 숨 쉬는 성능과 감각을 함께 갖추고 있다. 이것이 바로 텍토닉스의 영역이다.

 기후 변화의 시대, 건축의 물질 체계에 대한 텍토닉스를 찾아가는 과정에서 조남호는 부분과 전체라는 고전적인 규범을 소환한다. 부분과 전체는 사물의 물리적인 구성 방식이자 사회가 가치 체계를 만드는 논리다. 자동차에 엔진이 있고, 엔진에 부품이 있듯이 한 폭의 그림은 미술 세계의 부분이고, 미술은 더욱 넓은 사회의 구성원이다. 엔진은 자동차의 부분으로 가치가 있고 부품이 구성하는 전체로서도 가치를 갖는다. 기계 장치든 예술 작품이든 그 가치는 부분과 전체의 관계 속에서 가늠한다. 건축으로 말한다면, 2천 년의 역사를 지닌 서양의 고전 건축과 동아시아의 목조 건축은 부분과 전체, 요소와 체계가 명확하다. 고대 그리스와 로마 시대부터 서양은 '오더'라고 부르는 기둥 양식을 건축의 기본 요소로 보았다. 서양 고전 건축이 종교적인 세계관에서 명분을 확보했다면, 동아시아의 건축은 사람을 자연의 일부로 보는 세계관에 기반을 두었다. 서구 현대 건축의 형성 과정에서는 부분과 전체가 전이되고 전복되었다. 세속화, 자본주의, 근대 산업 체제를 토대로 형성된 현대 건축은 고전 건축과 같은 요소를 전제하지 않는다. 하지만 근대 세계는 전체

숨 쉬는 폴리 내부에서 어린이 기후 도서관 행사를 진행하는 모습

를 포기할 수 없었다. 종교적인 세계관이 저문 근대는 인본주의 전통을 이어가며 인간 중심의 규범을 만들었다. 사람의 인식 체계를 근거로 탄생한 공간과 텍토닉스의 개념은 현대 건축의 가장 중요한 규범이 되었다. 이에 반해 한국의 현대 건축은 문화적 전통, 산업 기반, 사회적 체계가 취약하여 부분과 전체를 말하기 어렵다는 것이 나의 오랜 입장이었다. 시기에 따라 대상이 달랐지만, 부분은 체계의 요소가 아니라 불안한 전체 속의 파편이라고 주장해 왔다.[114] 이제 이런 입장을 수정해야 할 때가 왔다. 기후 변화의 시대, 방대하고 복잡한 생태계를 전체로 전제하는 세계관이 자리 잡아야 한다. 사람도 건축도 생태계의 일부이기에, 숨 쉬는 건축은 부분과 전체가 무엇인지를 근본적으로 다시 생각하게 한다. 부분과 전체가 이루는 생태계는 엄연한 현실이자 건축이 만들어가야 하는 구체적인 방법론이다.

물론 기후 변화는 건축보다 말할 수 없이 방대하다. 대홍수, 사막화, 산불, 생태계의 교란은 이미 시작된 인류 문명의 구조적인 변화를 예고한다. 그 양상이 광범위한 만큼 이에 대응하는 방법도 다양해야 한다. 콘크리트의 문제만 보더라도 의존도 자체를 줄이는 것, 재활용, 생산 과정의 탄소 포집, 시멘트 대체재의 확장, 효과적인 엔지니어링과 디자인, 여러 방법이 있다. 문제의 크기를 볼 때 건축이 미미하게 느껴질 수 있다. 하지만 기후 변화는 모든 것이 연결되어 있음을 알려준다. 건축은 다른 부분과 함께 건강한 전체에 기여할 수 있다. 건축이 반드시 필요한 이유는 그 현장성, 그리고 현장에서 이루어지는 협업 때문이다. 변화를 위한 실험은 필수적이지만 실험실의 성과가 지속 가능한지는 지역 현장에서 판가름 난다. 건축가로서 조남호의 역량에 대해 다음과 같이 서술한 바 있다.

> 조남호는 세상과 직설적으로 대면하는 건축가다. 편견 없이 작업에 임할 수 있는 그의 힘이다. 어려운 상황을 만나고, 어려운 사람과 엮이게 되더라도 문제를 직시하고 솔직한 대화로 문제를 풀어나간다. 그래서 과시욕과 부질없는 자존심 때문에 일을 그르치는 법이 없다. 여기에 감동이 있고 여기서 신뢰가 만들어진다. 이 과정에서 그가 거둬들이는 가장 큰 수확은 배움이다. 그는 모든 곳에 배움이 있다고 믿는다. 건축주로부터, 목수로부터, 엔지니어로부터, 스태프로부터 배운다. 그리고 무엇보다도 그는 현장에서 배운다.[115]

현장은 극복해야 할 통념과 체제가 지배한다. 동시에 조남호의 건축이 보여주듯이 학습의 장이 될 수도 있다. 공공의 가치를 구현하려는 광주폴리에서 강남 도심의 고층 오피스까지, 조남호는 현장에 문제와 기회가 동시에 있다는 것을 보여준다.[116] 그가 목조를 배운 계기도 외환 위기를 견뎌내기 위해 직원들과 함께 목조 시공에 뛰어들었던 것이라고 한다. 외환 위기보다 훨씬 광범위한 기후 위기 속에서, 건축가는 현장에 지식이 있다는 것을 환기한다. 조남호의 건축은 무엇을 지키고 무엇을 바꾸어야 하는지 생각하게 한다. 인연의 어원이 말해주듯이, 변화는 단일 생명체 안에서 일어나는 것이 아니다. 건축이 협업이듯, 건축가와 비평가도 인연의 고리로 함께 변한다. 건축은 집을 만들고, 집은 생각을 담아 다시 건축이 되는 인연의 고리다.

건축 너머 건축 — 전진홍·최윤희와 바래

불확실한 미래는 실험을 요구하고,
실험의 핵심은 과정이다.
결과는 과정의 한 모멘트,

모든 것은 과정이다.
지금의 미래는 이렇게 만들어진다.

언제나 시도했다. 언제나 실패했다. 상관없다. 또 해본다. 또 실패한다. 실패를 더 잘한다.

—— 사무엘 베케트, 1983[117]

이리저리 꼬인 검회색 쪼가리. 엉겨 붙었다 찢기고 또 엉긴 시트. '에어 폴리'에 사용한 미역 생분해성 플라스틱을 시험 압출하는 과정의 시제품, 완성된 작품도 아닌 실패의 부산물이지만 바래의 작업에서 내가 가장 좋아하는 장면이다. 에어 폴리의 새로운 소재를 개발하는 과정에서 적절한 재질과 색감을 확보할 수 있는 성분, 압력, 온도를 찾아가는 실험 과정의 산물이었다. 이런 실패 장면을 공학 분야에서는 일상적으로 보지만, 설계 과정에서 보는 일은 매우 드물다. 예기치 못한 사고나 천재지변으로 인한 실패가 아니라 새로운 시도를 하는 과정에서의 시행착오를 말하는 것이다. 우선, 성공한 결과만 보여주는 것이 건축의 관행이기 때문이다. 건축가의 작품집에서 흔히 보듯이 완성된 건물의 멋진 사진이 건

바래, 미역 생분해성 플라스틱 시트 시험 압출 부산물, 2024

축계가 송출하는 전형적인 이미지다. 과정을 보여주더라도 설계와 공사 과정의 시행착오를 보여주지 않으려고 한다. 실패의 장면이 희귀한 더 근본적인 이유는 건축 과정에서 실험이 거의 없기 때문이다. 사람이 거주하는 건물은 물론 실패하면 안 된다. 집이 무너지면 안 되고 거주자의 건강이 상하면 안 된다. 실패하지 않기 위해 건축주, 설계자, 시공자는 관행을 따르고 공권력은 제도로 규제한다. 그런데 시대의 변화와 함께 공간, 재료, 공법, 기능의 혁신이 필요할 때 시행착오가 허용되지 않는다면 건축은 새로워질 수 있는가? 사무엘 베케트의 주문처럼 건축은 실패를 수용할 수 있을까?

한국에서 가장 실험적인 작업을 하는 건축가로 바래의 전진홍과 최윤희를 손꼽겠다. 어떤 이들은 반문할 것이다. 바래는 건축이 아니라 전시, 공공 미술, 환경 조각을 하는 작가 아니냐고. 일리가 있는 지적이다. 2014년 바래를 설립한 이후 2025년 현재까지, 아직 건축 허가를 받은 프로젝트가 없다. 나와 바래의 인연도 서울도시건축비엔날레, 국립아시아문화전당, 주헝가리 한국문화원, 광주폴리 등 전시 맥락에서 맺은 것이다. 하지만 전진홍과 최윤희는 스스로 건축을 한다고 생각한다. 그들은 건축 공부를 하고, 수년간 국내외 건축 사무실에서 실무를 익혔다. 'Bureau of Architecture, Research&Environment(건축, 연구, 환경 사무실)'의 영어 약자로 지은 사무실 이름처럼 주로 리서치 기반의 전시와 설치를 해온 바래는 이런 작업이 건축이라고 자부한다. 집을 굳이 지으려고 하지 않는 이유는 기성 제도권에서 집을 짓기 위해서는 타협해야 할 것이 너무 많기 때문이라고 한다. 오히려 전시나 설치가 "건축적 의미"를 보다 창의적으로 생산할 수 있다는 것이다.[118] 이런 태도는 현대 건축의 역사적인 흐름에서 새로운 것은 아니다. 미래를 내다보는 건축가들이 당장은 실현 가능성이 없는 도시와 건축을 제안했고, 이런 활동은 근대 건축의 형성기에 특히 강렬했다. "페이퍼 아키텍처" 또는 "실험적 건축"이라고 부르기도 하는 이런 작업은 출판, 전시, 설치, 교육 등 다양한 맥락에서 지금까지 이어지고 있다.[119] 훌륭한 건축가였지만 집을 거의 짓지 않았던 가장 중요한 인물이 아마도 세드릭 프라이스일 것이다.[120] 완공된 프로젝트는 '런던 동물원 조류원'과 '인터액션 청년 센터' 정도지만, 혁신적인 비전을 담은 계획안과 저술 활동으로 큰 영향을 미친 전설적인 인물이다. "집을 짓지 않는 것이 건축적인 문제를 해결하는 가장 좋은 방법일 수 있다"라는 명언처럼 매체와 방법의 제약 없이 건축의 사회적 역할을 확장하고자 했다. 바래처럼 가볍고 이동이 가능한 건축, 정보 시대의 건축에 관심을 가진 프라이스는 바래가 건축 공부를 했던 AA 스쿨 출신이고, 1950년대 말에서 1960년대 초까지 AA 스쿨에서 가르치기도 했다.

바래는 2015년 아름지기 헤리티지 투모로우 공모전에

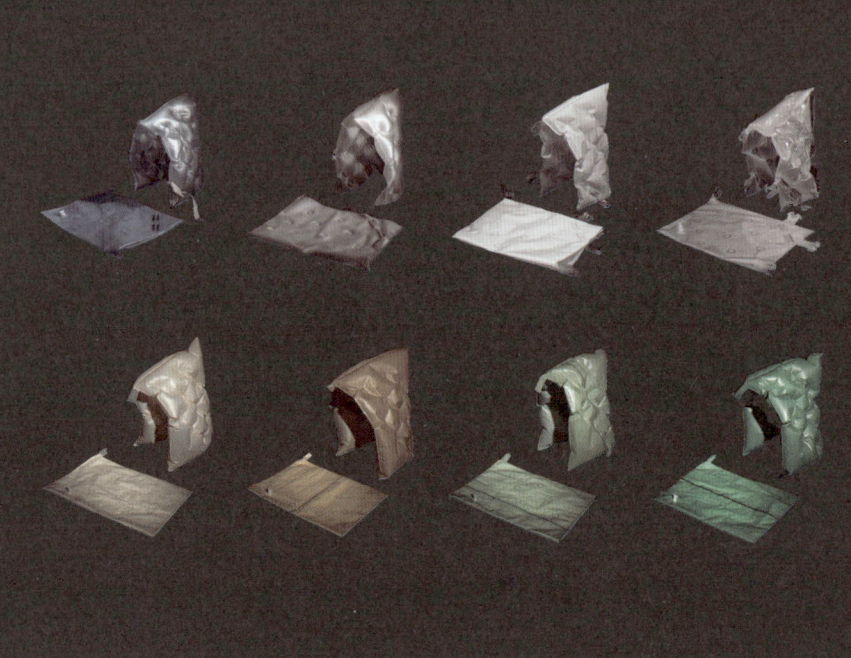

바래 '에어 캡' 2016·2024

건축 너머 건축

서 주목을 받기 시작했다. '적은 차, 나은 도시'라는 주제에 대응하여 이태원 우사단길에 모빌리티 시스템을 제안하는 '도킹 시티'가 대상을 받았다. 좁고 높이 차가 심한 골목을 서로 연결시키는 개인 이동 장치, 그 보관 공간, 소형 에스컬레이터 등 다양한 공간과 기계 장치를 제안했다. 도심 모빌리티에 대한 관심은 2017년 서울도시건축비엔날레의 '루핑 시티'로 이어졌다. 세운상가와 을지로 일대의 산업 생태계를 조사하고 지역의 영세한 기계와 금속 공장들의 폐기물 순환 시스템을 제안하였다. 루핑 시티는 계획안, 영상, 전시 설치로 구성된 프로젝트였다. 2017년 폐기물의 수거 운송 장치로 제안된 '튜보'라는 모바일 로봇이 2년 후 주벨기에 한국문화원에서 실물 프로토타입으로 전시되었다. 튜보는 이후 조금씩 기능을 더 갖추고 있고, 장차 실제 작동하는 로봇으로 개발하는 것이 목표다. 바래는 이런 방식으로 하나의 주제를 일련의 연구, 전시, 설치 과정으로 이어 나간다.[121] 지금까지 바래가 추진한 주제 중에서 공기 작업의 흐름이 가장 중요할 것이다.

바래의 공기 작업은 2016년 대구 디자인위크에서 시작했다. '재난'이란 주제에 대응하여 지진 상황에서 신체를 보호하는 작은 공기 주머니 '에어 캡'을 개발했다. 안전모 기능의 에어 캡, 그리고 그 모듈로 조립된 긴급 구호 셸터 '에어 캡 파빌리온'이 실물 크기로 전시장에 설치되었다. 이렇게

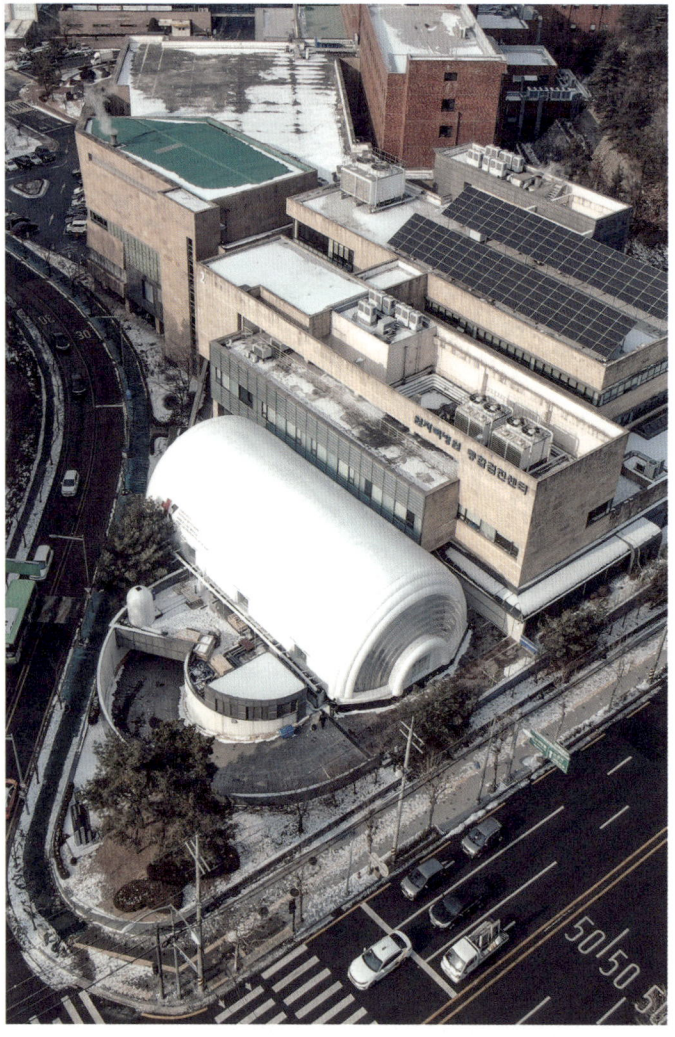

바래, '에어빔 파빌리온', 2020

건축 너머 건축

시작한 에어 시리즈는 모듈의 디자인과 조합에 따라 의자, 소파, 가방, 조명 커버, 화분 등 다양한 스케일과 용도의 작업으로 현재까지 이어지고 있다. 에어 시리즈는 2020년 코로나 팬데믹이라는 실재 재난 상황에서 새로운 국면을 맞이한다. 바래는 '조립식 이동형 음압 병동MCM, Mobile Clinic Module'을 개발하던 KAIST 산업디자인 팀의 건축 자문을 해주다가 늦게 합류하여, MCM을 실내에 수용하는 대형 공기막 구조물을 설계하였다. 폭 15미터, 높이 9미터, 길이 34미터의 '에어빔 파빌리온'은 6개월 동안 한국원자력의학원 주차장에 설치되었다. 지금까지 바래 작업 중에서 규모가 가장 크고 기성 건축에 가장 가까운 구조물이다. 설계와 시공을 3개월 안에 모두 진행했고, 현장 설치도 2020년 12월 단 이틀 만에 마무리하였다. 팬데믹 시기의 에어빔 파빌리온은 아주 중요한, 하지만 여러 아쉬움을 남긴 프로젝트였다. KAIST 팀과 바래는 국가 지원으로 프로젝트를 지속하려고 했으나 아직 후속 사업으로 이어지지 못하고 있다. KAIST 산업디자인 팀이 프로젝트를 기록하면서 에어빔 파빌리온의 역할을 제대로 전달하지 않았던 점도 문제다. KAIST의 MCM 웹사이트에 에어빔 파빌리온이 언급된 것은 디자인 과정에 대한 영상 말미의 크레디트 라인이 유일했고, 여기서 "외부 텐트"라고 지칭하며 그 이상 설명이 없었다.[122] 바래의 공기막 구조를 마치 있어도 되고 없어도 되는 부대 장치처럼 취급한 것이다.

재난에 대응하는 긴급 이동형 장치는 함께 이동할 수 있는 건축 공간이 반드시 필요하다. 이동식 병동이 모여 치료 활동이 이루어지려면 건축의 보호가 필수적이다. 병동 모듈은 외기에 노출할 수 없기에 강당이나 체육관 같은 대형 실내 공간 안에 설치되어야 한다. 코로나19와 같은 팬데믹 또는 지진, 화재, 홍수의 재난 상황에서 병동을 설치할 대형 내부 공간이 가까이 있을 거라고 전제할 수 없다. MCM이 이동하듯이, 이를 보호하는 건축 공간도 이동할 수 있어야 한다.

에어빔 파빌리온은 영어로 '뉴매틱 스트럭처Pneumatic Structure'라고 부른다. 그러니까 공기압으로 지탱되는 공기막 구조, 일종의 풍선 건축이다. 풍선 건축의 가능성은 20세기 초에 발상하여 1917년에 특허 출원을 하기도 했다. 최초로 구현된 것은 1948년 알래스카의 미군 레이다를 보호하고자 개발한 '라돔Radome, 레이다Radar+돔Dome'이었다. 군사 목적이나 한랭 지역의 임시 구조물로 쓰인 공기막 구조는 1960년대부터 체육관이나 강당으로 사용되었고 주류는 아니지만 건축, 디자인, 엔지니어링, 예술 영역에서 꾸준하게 역할을 하고 있다.[123] 전례가 없고 산업의 기반이 없는 상황에서 바래가 가구와 소품부터 에어빔 파빌리온까지 성사시킨 것은 한국의 맥락에서 대단한 성과다. 하지만 초창기 영미권, 이후 중국, 아시아, 중동 지역에서의 개발 활동을 감안하면 새로운 시도는 아니다. 이런 맥락에서 에어빔 파빌리온이 코로나 팬데믹으로 탄생했다는 점이 중요하다. 긴급 상황에 대응하는 것이 에어빔 파빌리온의 존재 이유라면, 안정된 환경을 조성하는 기성 건축에서는 예외적인 장치일 수밖에 없다. 하지만 코로나 팬데믹, 기후 변화 등 여러 재난은 우리가 불확실성의 시대에 살고 있음을 알린다. 언제, 어디서, 어느 기간 필요한 공간일지 예견할 수 없을 때 건축이 역할을 하는 방법이다. 에어 프로젝트의 전제는 불확실성이다.

에어빔 파빌리온 직후 바래의 공기 작업은 기후 변화와 마주하게 된다. 2022년 부산 현대모터스튜디오 〈해비타트 원〉 전시의 참여 작가로 선정된 바래는 "탄소 중립 시대"를 살아갈 "'제너레이션 원의 새로운 주거 형식을 제안"하는 과제를 받았다. 바래는 여기서 두 가지 실물 스케일의 설치 작업을 하였다. 작은 공기 주머니가 기계적으로 개폐되는 모듈형 로봇 유닛 '에어리'가 결합된 이동식 셸터 '인해비팅 에어', 태양 에너지로 가로등과 벤치 역할을 하는 '에어 오브 블룸', 그리고 이 장치들이 사용되는 현장을 상상하는 애니메이션을 제작했다. 애니메이션에는 에어 오브 블룸이 설치된 길거리와 광장, 에어리가 드론으로 날아다니며 어떤 장소에서든 건축 공간으로 조립되는 모습이 즐겁게 제시되었다. 에어 모듈의 기계화에 대한 탐색은 흥미로웠지만 나는 〈해비타트 원〉 전시를 부정적으로 보았다. 바래가 제안한 미래의 모습, 그 제안의 방식에 동의할 수 없었다. 에어리 모듈의 조합으

바래, 인해비팅 에어, 2022

바래, 인천공항에 설치된 에어 오브 블룸, 2024

건축 너머 건축

로 실제 셸터가 가능한가 하는 문제를 떠나, 움직일 수 있는 건축을 명분으로 집의 조각들이 하늘을 날아다닌다는 것 때문이다. 하늘과 공기가 공공재라는 것을 재확인해야 하는 시점에 이를 받아들일 수 없었다. 더구나 이런 제안들이 탄소중립과 무슨 관계가 있는지, 아무 문제가 없는 미래를 담은 설치와 영상은 납득되지 않았다.

〈해비타트 원〉에 대한 비판적 입장이 여전했던 2023년, 총감독을 맡은 제5차 광주폴리에 바래의 참여를 요청하였다. 기후 변화에 대한 문제의식을 바탕으로, 폴리를 재활용과 순환의 방식으로 구현하는 '순환폴리'를 주제로 내걸었다. 광주폴리는 건축적인 실험, 페이퍼 아키텍처가 아니라 사람이 거주하는 집을 지으면서 실험을 할 수 있는 특별한 기회라고 생각했다. 현대모터스튜디오, 국립현대미술관, 서울도시건축비엔날레, 바래의 가상적인 설치가 순환의 방법론으로 진화하여 도시 공간에 구체적으로 실현될 수 있다고 생각했다. 초기에 광주의 가장 큰 재래시장인 양동시장을 현장으로 삼아 몇 달간 리서치를 하고 구체적인 프로젝트 제안도 했다. 하지만, 진행 중에 행정 당국이 바뀌며 돌연 지원을 거부하여 양동시장을 포기해야 하는 어려운 상황이 되었다. 바래 작업의 현장을 확정할 수 없는 상황이 길어지면서, 먼저 공기막 구조의 재료 실험을 하기 시작했다.

바래의 순환폴리 프로젝트는 해조 바이오 플라스틱을

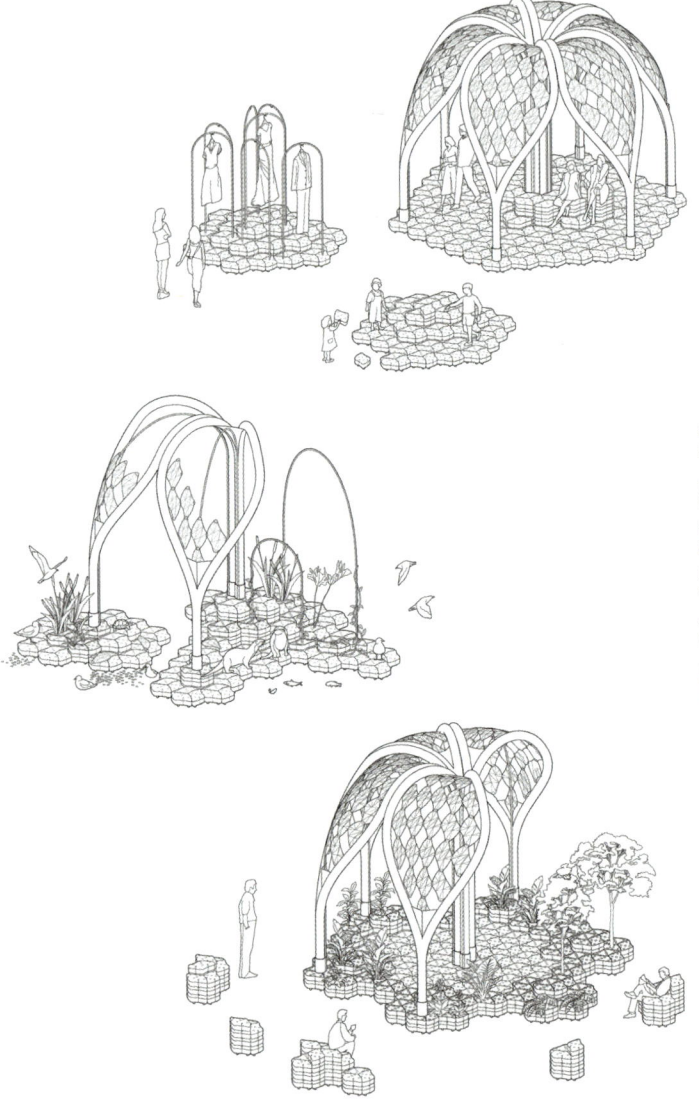

바래, 에어 폴리 변형 사례, 2024

건축 너머 건축

개발한 당시 고려대학교 건강기능식품연구센터의 정성오 교수와의 만남이 전환점이 되었다. 정 교수는 마린앤바이오라는 회사를 설립하여, 미역을 수거하면서 바다에 버리는 미역 줄기를 활용해 만드는 해조 생분해성 플라스틱을 개발했다. 바래는 미역 플라스틱의 초미분체 가공과 컴파운드 제조 공정에 대해 자문을 받으며 농업용 멀칭 필름에 주로 사용하는 재료를 건축 구조물에 적용하는 지난한 연구 개발을 시작했다. 필름의 내구성, 공기 주머니의 접합 방식, 외기가 변하는 환경에서 공기 압력을 유지하는 방법 등 연구 개발의 모든 지점에서 시행착오를 겪으며 에어 폴리를 탄생시킨 것이다. 이 글의 서두에서 본 부산물은 해조류 시트를 개발하는 과정에서 실패한 시제품들이다.

양동시장을 대신할 도심 현장을 찾지 못해서, 에어 폴리는 새로 개발한 재료의 성격에 따라 국립아시아문화전당 어린이문화원 로비와 광주 구도심에 위치한 기존 폴리의 실내에 각각 두 달씩 설치한 후 해체하였다. 에어 폴리는 광주폴리로서 역할을 마치고 다른 장소, 같은 시스템의 변형으로 다시 조립될 수도 있다. 도시의 공공 공간으로 기능하겠다는 목표는 이루지 못했지만 공기막 구조의 역사적인 맥락에서 독보적인 기여를 하였다. 에어 폴리는 가볍고 움직이는, 짧은 생애 주기의 건축에 대한 실험적인 관심을 시대에 맞추어 진화시켰다. 1980년대까지도 플라스틱과 일회용 물건이 환

바래, 콩집 안에 설치한 에어 폴리, 2024

건축 너머 건축

홍최윤희와 바래

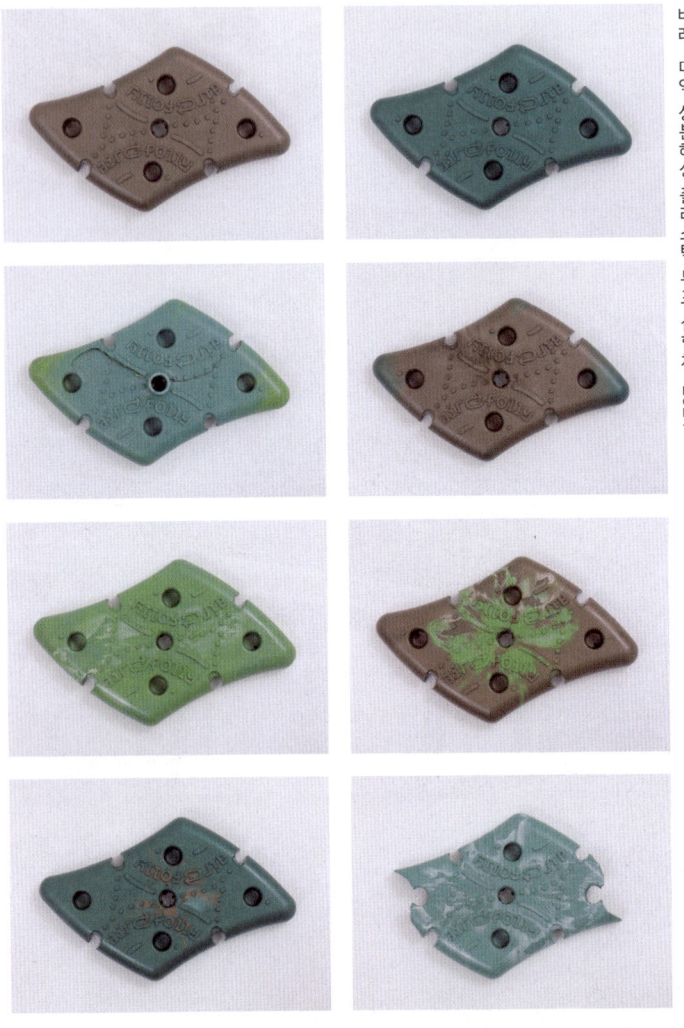

바래, 미역 생분해성 플라스틱 부표 실험체, 2024

미역 생분해성 플라스틱 시트 시험 압출 부산물

경에 미치는 악영향을 인식하지 못했지만, 2020년대의 에어 폴리는 공기막 구조를 친환경, 재활용 재료로 전환할 수 있는 출발점이 되었다. 생분해성 플라스틱은 특유의 강도, 생애 주기, 감각적인 속성에 따라 장소와 기능에 맞추어 적절하게 사용해야 한다. 기후 변화 시대 모든 재료를 위한 교훈이다.

자원의 채취, 재료 배합, 공장 제조 과정, 조립 시스템까지, 바래는 에어 폴리의 연구 개발, 설계, 구현을 위해 다양한 주체들과 협업을 했다. 앞서 언급한 마린앤바이오, 그리고 전시에 함께하는 영상, 설치, 프로그램의 조력자들, 그 외에 공기막 구조를 처음 시도할 때부터 생산 파트너였던 서경실업, 해조류 식품을 생산·가공하는 바다랑해초랑, 플라스틱 사출 전문 광명바이오산업, 친환경 소재 엔지니어링 컨설턴트 도원바이오테크 등과 협업하였다. 광명바이오산업과 함께 개발한 모듈형 해조류 부표는 특허 출원도 했다. 2022년 말부터 국내에서 금지된 스티로폼 부표를 대체할 프로토타입을 개발한 것이다. 물론 기성 건축의 제도권에서도 협업은 일어난다. 에어 폴리가 특별한 것은 건축 제도권에서는 일반적이지 않은 분야를 넘나들었다는 점이다. 연구소와 실험실, 기업과 공장, 건축과 디자인 사무소는 각각 시장과 제도의 틀 안에서 디자인, 연구, 실험, 생산 역량을 갖추어 나간다. 연구소의 재료 실험은 일반적으로 실험체 수준에서 제작이 한정된다. 공장은 규모의 경제를 전제로 가동되기 때문에 실험적인 소량 생산을 수용하기 아주 힘들다. 최윤희는 다음과 같이 말한다. "재료를 농업에서, 해양에서, 패션에서 쓰는 것과 건축 구조로 만드는 것, 모두 다릅니다. 환경에 따라 재료 디자인 과정이 변할 거라고 생각해요. 저희는 그 스펙트럼을 이해하고 그 안에서 넘나들 수 있는 것이 무척 재밌고, 새로운 유형의 건축이 나올 수 있다고 생각하고 있습니다."[124] 이렇게 에어 폴리는 과정이 결과만큼 중요했다.

성공이 보장된 과정은 실험이 아니다. 실험은 실패를 수용하면서 결과에 이를 수 있는 과정을 설계하는 것이다. 바래는 프로젝트마다, 그리고 더 중요한 것은 일련의 프로젝트에 걸쳐 시행착오의 과정을 진행한다. 전시의 그림으로 선보였던 구상이 다음 작업에서 설치, 목업, 영상으로 이어지고, 또 다른 기회에 도시의 구조물로 구현되기도 한다. 현대모터스튜디오의 에어 오브 블룸은 2년이 지나 인천 공항 외부 공간에 설치되었다. 태양광 패널의 작동, 공기막의 내구성, 풍압에 견딜 수 있는 구조물의 안전성을 해결해야 했다. 전시에서는 가상적으로 전제했기 때문에 실패의 여지가 적었던 사안들이다. 현대모터스튜디오에서는 실험이라 볼 수 없었던 것이 인천 공항에서 더 어려운 과제가 된 것이다. 에어빔 파빌리온은 한국원자력의학원에서 '가설건축물'로 신고 행정 절차를 진행했다. 임시 구조물이기 때문에 건축 허가를

'바래, 공기 울림' 2024

건축 너머 건축

받지 않아도 되었지만 구조 기술사의 구조계산서를 제출하였다. 실내에 설치된 에어 폴리의 유닛들은 노원 당현천 변에 '공기 울림'이라는 외부 설치물로 다시 사용되었다. 다만 외부 조건 때문에 공기 울림에는 바이오 플라스틱 모듈을 사용하지 못했다. 머지않아 해조 바이오 플라스틱 구조물을 외부 공간에 설치할 기회가 올 것이라고 기대하고 확신한다.

이렇듯 장소, 제도, 목적에 따라 조건과 과제가 달라지고 실험과 실패의 영역이 달라진다. 미술관의 예술 작품에 해당 규약이 있듯이, 우리나라 법령에서 규정하는 '건축물미술작품, 가설건축물, 건축물'에 적용되는 각각의 규약이 있다. 실험과 창작 행위는 제도, 목적, 조건에 따라 할 수 있는 일이 달라지고 그 평가도 달라진다. 실험은 건축에서 혁신적인 일이지만, 과학 분야에서는 본연의 업무다. 실험에 관한 이런 통념 때문에 최근 젊은 과학자들이 실험의 실험을 하자고 주장한다. 실패한 실험은 논문과 연구 업적이 되지 못하지만, 성공에 이르지 못한 실패의 데이터가 오히려 더 중요할 수 있다는 입장이다. 한 분야에서 실험은 다른 분야에서 관행일 수 있다. 그래서 실험이 지속성을 가지려면 주어진 제도권에 고착되어서는 안 된다. 가장 전위적인 건축가였던 세드릭 프라이스도 제도권에서 활동했다. 바래의 대선배로 1960년대 중반부터 공기막 구조에 대한 연구 개발에 참여하기도 했다. 국가 프로젝트의 일환으로 용역을 받아 1974년 공기막 구조의 건축 법규를 만들기 위한 연구 보고서를 쓰기도 했다. 건축이든 아니든, 창작이 지속되려면 제도를 풀어야 한다는 것을 알았다. 바래는 조만간 건축 허가를 내는 프로젝트를 진행할 것이다. 과정의 결과물을 건축, 미술, 설치, 무엇이라 불러도 상관이 없다고 생각한다. 건축 너머 또 다른 건축이 있을 것이다. 실험을 지속하는 것, 그러니까 실패의 가능성을 열어두는 것, 같은 조건에서 같은 작업을 반복하지 않는 것이 핵심이다.

2025년의 미래는 1925년의 미래와 다르다. 100년 전 "빛나는 도시", "크리스털 시티", "기능적 도시", 미래를 그리는 전위적인 비전은 확신에 차있었다. 현실성이 있든 없든 건축가들은 삶의 방식, 도시의 조직, 건축의 형식을 의심 없이 제안했다. 반면 앞날을 바라보는 우리의 마음은 불안하다. 기후 변화, 인공 지능, 사회적 분열, 지금의 문명사적 전환은 온전한 미래의 비전을 무색하게 한다. 〈해비타트 원〉에서 미래 도시를 그린 애니메이션이 그래서 못마땅했던 것이다. 대중문화에서 흔히 보는 암울한 디스토피아를 기대하는 것이 아니다. 불확실성의 시대, 정해진 미래를 향해 달려가는 것이 아니라면 현재로 미래를 조금씩 만들어가야 한다. 이것이 실험의 역할이다. 그래서 시행착오의 부산물은 그 어떤 미래 도시의 이미지보다 중요하다. 미역 플라스틱의 쪼가리들이 당면한 현실과 가능성을 보여준다. 전진홍은 에어 폴리의 "과정 중심적 사고에서 미래는 나를 움직이게 만드는 목표가 아니라 내 현재를 다른 시선으로 바라볼 수 있는 훈련"을 하게 하는 대상이라 말했다.[125] 불확실한 미래는 실험을 요구하고, 실험의 핵심은 과정에 있다. 바래의 힘이 바로 여기에 있다. 결과는 과정의 한 모멘트일 뿐, 모든 것은 과정이다. 지금의 미래는 이렇게 만들어지는 것이다.

감사의 글

『건축 너머 비평 너머』는 여러 사람의 의지와 신뢰, 인내심의 결실이다. 비평집에 대한 기획은 15년 전 《중앙선데이》의 '사색이 머무는 공간' 연재를 마친 이후부터 있었다. 그때는 《중앙선데이》 시리즈처럼 짧고 편한 글의 모음으로 발상했고, 이런 기획은 돌베개가 비평집 출간 의지를 밝힌 2018년쯤에도 이어졌다. 이를 계기로 당시 돌베개의 김수한과 김서연, 두 분과 인연을 맺었다. 하지만 나의 게으름 탓에 비평집의 진행이 장기간 지체되었고 두 분은 돌베개를 퇴사하였다. 김서연은 그 이후 출판사 한밤의빛 대표로 독립하면서 비평집 프로젝트를 실현하겠다는 의지를 이어가 『건축 너머 비평 너머』가 세상의 빛을 보게 되었다.

『건축 너머 비평 너머』는 대부분 이미 발표된 원고에 기대고 있지만, 글을 새로 쓰는 만큼의 시간이 필요했다. 이 책이 단순한 모음집이 아니라 일관된 건축 이론서의 면모를 갖추도록 하기 위함이었다. 기존 글의 시대성과 현장성을 지키면서 일관된 흐름을 가진 책을 만들고자 했다. 그래서 많은 글이 제외되었고 선정된 글은 적극적으로 개고하고 재집필도 하였다. 한국 건축가의 작업에 초점을 맞춘다는 뜻에 따라 알바로 시자, 렘 콜하스, 데이비드 치퍼필드, 토마스 사라세노, 네리앤드후에 대한 글을 제외하였다. 책의 결에 맞지 않아 안영배, 우규승, 김인철, 김종규, 권문성, 김헌, 김영준, 황두진에 대한 글이 빠졌고, 포함된 건축가의 경우도 여러 원고 중에서 선별하고 편집하였다. 건축 전문 독자와 일반 독자가 모두 읽을 수 있는 책을 만들겠다는 목표는 계속 견지했지만, 건축 전문 매체의 글이 중심이 되면서 비전문가에게 어려울 수 있는 내용도 포함되었다. 늦어지는 일정을 인내하며 콘텐츠의 진화 과정을 포용하고 적극적인 대화 상대가 되어준 김서연 대표에게 감사의 뜻을 전한다. 『건축 너머 비평 너머』의 정신을 북돋아 주는 편집자로서 명쾌한 판단력과 실천력으로 책을 만드는 긴 과정을 즐거운 배움의 시간으로 만들어주었다.

    서문에서 강조했듯이 이 책이 논하는 건축가, 작가와 대부분 폭넓고 깊은 교류를 해왔다. 세대 간의 거리로 적극적인 교류를 하지 못한 분은 타계한 김수근과 김석철이다. 김수근은 공간 사옥에서 이루어진 소수 '학생과의 만남' 자리에서 마주 앉을 수 있었던 것이 유일한 대면이었다. 김석철은 안창모와 함께 진행한 목구회 구술 작업에서 이야기를 처음 나누고, 2014년 베니스 비엔날레 한국관 큐레이터로 인터뷰를 한 정도였다. 유걸, 민현식, 승효상, 조병수, 임재용, 최문규, 조남호, 김승회, 최욱, 조민석, 이정훈, 신경섭, 전진홍, 최윤희, 최초의 글을 썼던 당시에도 비평집을 만드는 과정에서도 개인적으로, 그리고 그들이 이끄는 사무실로부터 도움을 받았다. 오랜 시간 선배와 동지로서 보내준 관심에 깊은 감사를 드린다. 『건축 너머 비평 너머』는 텍스트, 그림, 사진의 결합체인데 좋은 사진으로 큰 도움을 준 분들이 있다. 김용관, 신경섭, 남궁선, 김종오, 김인철, 김재경, 윤준환, 장수인, 김재경, 박영채, 오형근, 배한솔, 아인아 아카이브 정효섭, 이세현, 조준용, 강일민, 최한경, 현대자동차, 인천국제공항공사, 에프레인 멘데즈, 세르조 피로네, 무라이 오사무, 데이비드 버넷, 필립 크리스토에게 진심으로 감사의 마음을 전한다. 이들의 사진과 나의 텍스트, 그리고 텍스트 내의 차이를 정교하게 시각화한 분이 디자이너 김동신이다. 지나치게 많은 내 생각을 진지하고 유연하게 받아주면서도 북 디자인의 중심을 잡아주었다.

    이 책은 서울시립대학교 교수 생활 30년을 마무리하면서 출간한다는 또 다른 의미가 있다. 한국의 대학 환경이 많이 변했지만 서울시립대학교 건축 커뮤니티의 배려로 비평가와 큐레이터로서 자유롭게 활동할 수 있었다. 박사 학위를 마치고 한국에 돌아왔을 무렵, 서울 600주년 기념 도시사 책을 함께 편찬했던 이상구 교수가 건넨 조언이 지금도 생생

하다. 한국의 대학교 교직 생활에 대해 질문하자, 교수에게는 "자유"가 가장 중요하다고 대답했다. 자유는 혼자 누리는 것이 아니라 공동체가 지켜주는 것이라는 사실을 서울시립대학교에서 알게 되었다. 『건축 너머 비평 너머』의 출간을 빌려, 긴 인연을 맺은 선배, 동료 교수, 조교와 많은 학생에게 경의를 표한다.

    마지막으로, 무엇보다도 가족에게 고마움을 전한다. 가족도 시간이 흐르면서 변한다. 가족은 성장하고, 나이 들고, 곁을 떠난다. 새로운 가족을 맞이하기도 하고 새로운 생명의 탄생도 경험한다. 한없는 슬픔과 한없는 기쁨을 공유하기에 인간이 모두 연결되어 있다는 것을, 가족을 통해 깨닫는다. 책을 세상에 내놓는 것이 삶과 죽음의 순환에 비하면 하찮게 느껴질 수도 있다. 하지만, 우리를 연결하는 생명의 고리는 책을 만드는 정성에도 의미를 준다. 책을 만드는 매일매일, 언제나 아내가 곁에 있었다. 사랑하는 이의 정성을 품은 작업. 사람이 일을 하며 누릴 수 있는 최고의 행복이다.

감사의 글

미주

서문 — 애정의 비평

1. "To love somebody is not just a strong feeling—it is a decision, it is a judgment, it is a promise. If love were only a feeling, there would be no basis for the promise to love each other forever." Erich Fromm, *The Art of Loving* (New York: Harper&Row, 1956), p. 56.
2. MIT 박사 학위 논문은 19세기 말에서 20세기 전반까지 미국의 건축 담론을 자료로 삼아 현대 건축의 기율이 어떻게 변하는지 분석하였다. 1993년의 학위 논문을 근간으로 2002년 MIT Press에서 *The Portfolio and the Diagram: Architecture, Discourse, and Modernity in America*를 출간했다. 국문본 『포트폴리오와 다이어그램』은 2013년 박정현 번역으로 동녘에서 출간되었고, 마티에서 재출간될 예정이다.
3. 이상헌, 『대한민국에 건축은 없다』, 효형출판, 2013.
   이종건, 『건축 없는 국가』, 시공문화사, 2013.
4. 20세기 한국 현대 건축의 맥락에서 건축과 말의 어려운 관계는 이 책의 「파편과 체험의 언어 1」, 「파편과 체험의 언어 2」에서 다룬다.
5. 배형민, 『감각의 단면: 승효상의 건축』, 동녘, 2007, 12쪽.
6. '학습'의 개념으로 한국의 근대화를 이해하는 입장은 Alice Amsden, "Industrializing through Learning," *Asia's Next Giant: South Korea and Late Industrialization* (Oxford: Oxford University Press, 1989), pp. 3–23에서 많은 영감을 얻었다.
7. 이 책 1부 '말과 얼굴', 2부 「움직이는 미학」, 「사유의 경계」가 파사드와 바닥의 문제를 다루고 있다. 『건축 너머 비평 너머』에 포함되어 있지 않지만, 졸고 『감각의 단면: 승효상의 건축』 4장 '바닥'도 참조.

1 말과 얼굴

초상 — 김수근과 승효상

8. 김수근,『좋은 길은 좁을수록 좋고 나쁜 길은 넓을수록 좋다』, 공간사, 1989, 304~305쪽. 나와 이상희가 원문을 다듬었다.
9. "일본 신사와 같다: 부여박물관 건축 양식에 말썽",《동아일보》, 1967년 8월 19일 (《공간》10호, 1967년 10월, 11쪽에 재수록, 부여박물관 논쟁에 관련된 일련의 논설, 시론, 반박문 등이 특집으로 게재되었다).
10. 김수근,『좋은 길은 좁을수록 좋고 나쁜 길은 넓을수록 좋다』, 공간사, 1989, 31~38쪽.
    정인하,『김수근 건축론』, 미건사, 1996, 114~118쪽.
11. 최순우,『무량수전 배흘림기둥에 기대서서』, 학고재, 1994, 65~67쪽.
12. 김수근,《중앙일보》, 1966년 9월 2일(《공간》10호, 1967년 10월, 13쪽에 재수록).
13. T. J. Clark, "Gross David with the Swoln Cheek: An Essay on Self-Portraiture," in *Rediscovering History: Culture, Politics, and the Psyche*, ed. Michael S. Roth (Stanford: Stanford University Press, 1994), p. 283.
14. 강관식,「조선시대 초상화의 도상과 심상: 조선 중후기 선비 초상화의 수기적 의미를 통해서 본 재현적 도상의 실존적 의미와 기능에 대한 성찰」,《미술사학》15권 1호, 2001, 7쪽.
15. 『추사 문자반야』, 예술의전당, 2006, 125쪽.

파편과 체험의 언어 1 — 1980년대 건축 담론

16. 김석철,《건축과 환경》2호, 1984년 10월, 10쪽.
17. 박광무,「한국 문화정책의 변동에 관한 연구」, 성균관대학교 박사 논문, 2009, 112~113쪽.
18. 김경수,「'작가와 비평'을 마련하면서 한국의 건축가들께」,《건축과 환경》창간호, 1984년 9월, 46쪽.
19. 원도시 건축 연구소,「건축에 대한 변명」,《건축과 환경》창간호, 1984년 9월, 88쪽.
20. 1970년대 전후로 '궁극 공간'과 '자궁 공간'에 대한 주장을 펼치면서 김수근은 담론을 생산하기 시작하였다. 김수근의 새로운 건축론에서 주시해야 할 것은 담론의 중심 개념이 공간으로 설정되었다는 점이다.
21. 국립박물관의 현상공모 전개 과정에 대한 자료는《공간》4호(1967년 2월) 참조.
22. 김기웅,《건축과 환경》39호, 1987년 11월, 84쪽.

23. 이진, 「민족 통일을 위한 대역사: 독립기념관」, 《북한》, 1986년 3월 호, 159쪽.
24. 김광현, 《건축과 환경》 39호, 1987년 11월, 87쪽.
25. "건축의 이중성, 병치, 다양성, 중첩, 모호성"이라고 번역되는 이 문구는 당시 자주 언급되었던 포스트모더니즘의 속성을 나열한 것이다.
26. 김경수, 「한국현대건축언어의 확립을 위하여」, 《건축과 환경》 38호, 1987년 10월, 29~32쪽.
27. 김석철, 「감상기행」, 『목구회 1981』, 광장, 1981, 265쪽.
28. 김봉렬, 『한국의 건축: 전통건축 편』, 공간사, 1985, 3쪽.
29. 김봉렬, 「한국성을 다시 생각한다」, 《건축과 환경》 112호, 1993년 12월, 104쪽.

파편과 체험의 언어 2 — 민현식 콘트라 유걸

30. 유걸, 「삶의 미시적 영역을 확장하다」(유걸과 조명래의 대담), 《공간》 452호, 2005년 7월, 69쪽.
31. 민현식, 「지혜의 시대, 우리의 건축」, 『echoes of an era/ volume #0』, 1994, 첫 번째 면.
32. 민현식, 「지혜의 시대, 우리의 건축」, 『echoes of an era/ volume #0』, 1994, 여덟 번째 면.
33. 전봉희, 「신도리코 아산공장본관, 벽과 마당의 건축 그 또 다른 시도」, 《건축사》 331호, 1996년 11월, 50쪽.
34. 이종건, 『해방의 건축』, 발언, 1998, 171쪽.
35. 이종건, 『해방의 건축』, 발언, 1998, 163~164쪽.
36. 유걸, 「내일을 향하여 떠나자」, 『유걸』, 건축세계, 1998, 10쪽.
37. 건축세계 편집부, 『PA: 유걸』, 건축세계, 1999(박길룡, 『한국현대건축의 유전자』, 공간사, 2005, 246쪽에서 재인용).
38. 〈5W5P〉 전시회의 내용은 《공간》 452호(2005년 7월, 118~124쪽) 참조.
39. 조병수, 「요새와 등대」, 《C3》 248호, 2005년 4월, 84쪽.
    이종건, 「유걸 건축 유감」, 『중심 이탈의 나르시시즘』, 이석미디어, 2001, 246~247쪽.
    조명래, 「건축을 통한 사회 발전의 한 방식」, 《공간》 452호, 2005년 7월.
40. 이종건, 「유걸 건축 유감」, 『중심 이탈의 나르시시즘』, 이석미디어, 2001, 250쪽.
41. 김영근, 《공간》 452호, 2005년 7월, 126쪽.
42. 김윤덕, 《조선일보》, "서울시청 新청사 설계한 건축가 유걸", 2012년 2월 21일 업데이트(2025년 8월 7일 접속, www.chosun.com/site/data/html_dir/2012/02/17/2012021701410.html).

한국 최악의 건축에 대한 기사는 다음을 참조. 조성관, 《주간조선》, "서울시청 신청사는 왜 '최악의 한국현대건축물'이 되었나?", 2013년 6월 7일 업데이트 (2025년 8월 7일 접속, www.chosun.com/site/data/html_dir/2013/06/05/2013060500991.html).

43. 민현식이 2000년대에 쓴 비평 원고를 모은 『건축에게 시대를 묻다』(돌베개, 2006)를 참조.
44. 박길룡, 「현대건축」, 『한국건축사연구 1: 분야와 시대』, 발언, 2003, 462쪽.
45. 박길룡, 『한국현대건축의 유전자』, 공간사, 2005, 281쪽.

냉철한 애정 — 신경섭

46. Walter Benjamin, "A Short History of Photography," *Screen*, Vol. 13, Issue 1, March 1972, pp. 7–8.
47. André Bazin, "The Ontology of the Photographic Image," in *What is Cinema?*, trans. Hugh Gray (Berkeley: University of California Press, 1967) and Roland Barthes, "Rhetoric of the Image," in *Image, Music, Text*, trans. Stephen Heath (New York: Farrar, Strauss and Giroux, 1977).
48. Walter Benjamin, "The Work of Art in the Age of Mechanical Reproduction," in *Illuminations*, ed. Hannah Arendt, trans. Harry Zohn (New York: Schocken, 1969), p. 223.
49. Ingrid Hoelzl and Rémi Marie, *Softimage: Towards a New Theory of Digital Image* (Bristol: Intellect, 2015), p. 7.
50. 신경섭, 「Photographer」, 『매스스터디스 건축하기 전/후(Before/After: Mass Studies Does Architecture)』, 플라토, 2014, 162쪽.
51. 유튜브, artmuseums, "오형근 작가 인터뷰".

2 사유와 감각

건축에 대한 건축 — 김승회와 경영위치

52. 김승회, 《C3》 187호, 2000년 3월, 49쪽.
53. 김승회, 《C3》 210호, 2002년 2월, 63쪽.
54. 김승회, 《C3》 187호, 2000년 3월, 49쪽.
55. 국립박물관의 현상공모 전개 과정에 대한 자료는 《공간》 4호(1967년 2월) 참조.
56. 김영준, 《C3》 249호, 2005년 5월, 99쪽.

57. 김승희, 「겨울 나무의 꿈」, 《C3》 210호, 2002년 2월, 35쪽.
58. 김승희, 「겨울 나무의 꿈」, 《C3》 210호, 2002년 2월, 62쪽.
59. 김상환, 『풍자와 해탈 혹은 사랑과 죽음』, 민음사, 2000, 13~15쪽.
60. Marco Frascari, "The Tell-Tale Detail," in *Theorizing a New Agenda for Architecture*, ed. Kate Nesbitt (New York: Princeton Architectural Press, 1996), p. 500.
61. 이민아, 「그들의 버릇」, 《공간》 486호, 2008년 5월, 44쪽.

움직이는 미학 — 최욱과 101

62. 최욱, 「소개」, 『원오원 건축』, 2008.
63. "Aesthetics is born as a discourse of the body." Terry Eagleton, *The Ideology of the Aesthetic* (Oxford: Basil Blackwell, 1990), p. 13.
64. 나와 건축가와의 인터뷰, 2010년 7월 5일.
65. 안드레아 팔라디오는 베네치아가 속한 베네토 지방을 거점으로 활동한 건축가다. 베네치아의 경제력과 문화적 역량을 기반으로 많은 프로젝트를 수행하여, 나를 포함하여 대부분의 학자가 근대 이전 가장 중요한 건축가로 평가한다. 팔라디오는 르네상스 시기에 재확립된 서양 고전의 질서를 확인하면서 고전 건축의 지평을 획기적으로 확장했고, 그가 쓴 『건축의 사서』를 통해 유럽 전역과 신대륙까지 '팔라디어니즘'이 퍼졌다. 베네치아와 비첸자를 포함하여 베네토 지방에 그가 설계한 건물이 모두 유네스코 세계 문화유산으로 지정되어 있다.
66. 나와 건축가와의 인터뷰, 2010년 7월 5일.
67. 카를로 스카르파는 베네치아에서 태어나 비첸자를 근거지로 활동한 이탈리아의 전설적인 건축가이자 디자이너다. 젊은 시절 무라노 지역에서 유리 공예를 익혔고, 그의 공예와 가구는 20세기 모던 디자인의 절정으로 평가받고 있다. 스카르파는 건축을 공예 작업처럼 접근하여 현대 건축사에서 가장 섬세한 디테일을 구현한 건축가다. 30대 중반부터 작고할 때까지 베네치아건축대학교에서 드로잉과 인테리어 디자인을 가르쳤다.
68. 나와 건축가와의 인터뷰, 2025년 8월 14일.
69. 유튜브, 기린그림, "다시 쓰는 한옥 | 가회동 한옥&가회동 장프루베 – 최욱 건축가 | 오픈하우스 서울×기린그림".
70. 최욱, "대담: 한옥 신축은 복제인가", 다음 블로그 수록(blog.daum.net/shinck76/109190830). 이 블로그는 현재 삭제되었다.
71. 유튜브, 국립중앙박물관, "[반가사유상 전시 개편] '사유의 방' 건축디자인".
72. 일제강점기 관학자들이 한국의 건축 유적과 불상을 서양의 비례 체계에 따라 분

석한 내용을 비판한 다음 졸고를 참조. Hyungmin Pai and Don-Son Woo, "In and Out of Space: Identity and Architectural History in Korea and Japan," *The Journal of Architecture* 19, Vol. 3., June 2014.
73. 최욱, 『원오원 애뉴얼 북』, 원오원, 2022, 85쪽.

동시대 건축의 즐거움 — 임재용과 OCA

74. "La maison est une machine à habiter." Le Corbusier, *Vers une Architecture*, 2nd ed. (Paris: Éditions G. Crès et Cie, 1925), p. 83.
75. 임재용, 『OCA Book 3: The Evolving Gas Station』, OCA, 2015, 366쪽.

보이지 않는 건축 — 최문규와 가아건축

76. 배형민·최문규, 『의심이 힘이다: 배형민과 최문규의 건축 대화』, 집, 2019, 225쪽.
77. 민현식, 『건축에게 시대를 묻다』, 돌베개, 2006, 47~52쪽.
78. 이혜민, 《주간동아》, "'쌈지'는 좋아도 제품은 안 샀다", 2010년 4월 26일(2025년 8월 18일 접속, weekly.donga.com/economy/article/all/11/89848/1).
79. 서울관광재단이 운영하는 웹사이트(2021년 6월 23일 작성, 2025년 8월 18일 접속, korean.visitseoul.net/shopping/쌈지길-/KOP037934) 참조.
80. 2006~2007년 대통령자문 건설기술·건축문화선진화위원회 위원장이었던 김진애는 서울 인사동을 문화 거리로 조성하는 데 중추적인 역할을 하였고, "길로 만든 건축" 인사동 쌈지길을 2007년 9월 '이달의 건축환경문화'로 선정하였다.
81. 배형민, "사색이 머무는 공간 ①인사동 쌈지길", 《중앙선데이》 96호, 2009년 1월 11일, 31쪽.

건축의 시간 — 조민석과 매스스터디스

82. "I have found a paper of mine among some others," said Goethe to-day, "in which I call architecture 'petrified music.' Really there is something in this; the tone of mind produced by architecture approaches the effect of music." 1829년 3월 23일. *Gespräche mit Goethe*의 영어 번역본 *Conversations of Goethe with Eckerman and Soret*, trans. John Oxenford, (London: George Bell & Sons, 1875), p. 378.
83. 조민석, "유토피아와 현실 그 사이 어디쯤 2"(2011년 6월 29일 포스팅, www.magazyn.co.kr). 이 사이트는 현재 삭제되었다.
84. 안은미 컴퍼니의 〈리볼빙 도어Revolving Door〉는 1999년 뉴욕 컬럼비아대학교 극장에서 공연했다. 조민석의 설치 작업에 대해 안은미는 다음과 같이 설명하였다.

"세 면이 다 다른 삼각형 입체에 바퀴를 달아 도는 상자를 만들었지. 구조를 이용해서 드라마를 만들어내는 거죠. 이쪽 면은 털, 저쪽 면은 매끈하게, 질감을 다르게 했어요. 한쪽에서는 유리문을 통해 몸을 기울이면서 들어갈 수 있어요. 그 안에 불을 켜면 누드로 하는 막 이상한 짓이 보이고, 불 꺼지면 깜깜해지고. 내가 의상 디자인은 해봤지만, 구조물이나 벽의 질감은 안 해봤으니까. 우리는 안정감 있게 주로 벽에 붙이지, 공중에 떠다니는 동동 섬은 안 하지요. 처음 해보는 거고 재미있었어요." 배형민과 안소연 편, 『매스스터디스 건축하기 전/후(Before/After: Mass Studies Does Architecture)』, 플라토, 2014, 133쪽.

85. 유홍준, 『완당평전 1』, 학고재, 2002, 398쪽.
86. 조민석, "유토피아와 현실 그 사이 어디쯤 2"(2011년 6월 29일 포스팅, www.magazyn.co.kr). 이 사이트는 현재 삭제되었다.

사유의 경계 — 승효상과 이로재

87. 배형민, 『감각의 단면: 승효상의 건축』, 동녘, 2007, 16쪽.
88. 승효상, 『승효상』, C3, 2001, 201쪽.
89. 승효상, 『솔스케이프』, 한밤의빛, 2024, 250쪽.
90. 승효상, 「경계 위의 집」, 《생활성서》, 2022년 2월.
91. Walter Horn, "On the Origins of the Medieval Cloister," *Gesta* 12, No. 1/2, 1973, pp. 15–16.
92. Pai Hyungmin, "Sitting with Seung H-Sang, Around the Table of Architecture," in *Natured: IROJE, Seung H-Sang* (New York: Actar, 2020), p. 85.
93. 배형민, 『감각의 단면: 승효상의 건축』, 동녘, 2007, 194쪽.
94. Paul Meyvaert, "The Medieval Monastic Claustrum," *Gesta* 12, No. 1/2, 1973, pp. 53–54.
95. 조재모, 「조선시대 서원의 누각 도입과 정침 구현」, 《한국서원학보》 15호, 2022년 12월, 352쪽.

3 텍토닉스

세우다, 쌓다, 덧대다 — 이정훈과 조호건축

96. Gottfried Semper, *Style in the Technical and Tectonic Arts; or, Practical Aesthetics*, trans. Harry F. Mallgrave (Los Angeles: The Getty Research Institute, 2004, originally 1860), pp. 438–439.

97. 이정훈, 「빛의 순례」, 《월간 에세이》, 2013년 9월.
98. 이정훈, 「시간의 공간적 재현, 공간의 기하학적 재구축」, 《공간》 563호, 2014년 10월, 32쪽.
99. 최춘웅, 「화양연화」, 《공간》 586호, 2016년 9월, 33쪽.

기물의 건축 — 조병수와 BCHO

100. 조병수, 「의도하지 않은 불완전함, 한국적 감수성을 담다」, 『+ARCHITECT 03-조병수』, 공간사, 2009, 11쪽.
101. Charles Sterling, *Still Life Painting: From Antiquity to the Twentieth Century*, 2nd ed. (New York: Harper and Row, 1981), p. 12.
102. 조병수, 「건물의 간결함과 대지의 유기성 사이에서」, 《공간》 556호, 2014년 3월, 30쪽.
103. 조병수, 『땅속의 집, 땅으로의 집』, 공간서가, 2017, 10~12쪽.
104. 조병수, 「건물의 간결함과 대지의 유기성 사이에서」, 《공간》 556호, 2014년 3월, 30쪽.
105. Byoungsoo Cho, "Experience and Perception: Far Eastern Center for the Community of New England," Master's Thesis, Harvard University, 1991. 조병수 건축 작업의 많은 주제가 이미 석사 학위 논문에 드러나 있다. 이 학위 논문은 2025년 도미노 프레스에서 재출간되었다.
106. BCHO Architects, 「Hyundai GBC Local Idea Competition」, 미출간 제안서, 2016.
107. F1963의 건축주 고려제강은 세계 최고의 와이어 생산 기업이다. F1963은 고려제강이 처음으로 직접 세운 공장이다. 2008년까지 공장으로 가동되다가 2016년 부산비엔날레 유치 때부터 문화 공간으로 활용되고 있다. 조병수는 고려제강과 인연을 시작한 2003년 헤이리 카메라타 작업에서도 와이어 인장 구조를 활용했고, F1963 단지에서는 이를 적극적으로 사용했다.
108. 조병수, 「건물의 간결함과 대지의 유기성 사이에서」, 《공간》 556호, 2014년 3월, 30쪽.
109. 조병수 「어유지동산마을」, 『+ARCHITECT 03-조병수』, 공간사, 2009, 35쪽.

텍토닉 카르마 — 조남호와 솔토지빈

110. 배형민, 「파편과 체험의 언어: 1980년대 이후 한국 건축 담론」, 『건축·도시·조경의 지식 지형』, 나무도시, 2011, 75쪽.
111. 조남호, 「약함: 〈숨쉬는 폴리〉의 생태환경미학」, 『순환폴리 2: 사람과 장소』, 광주

비엔날레 재단, 2024, 36쪽.

112. 배형민, "사색이 머무는 공간 ⑨도고 교원연수원 게스트하우스", 《중앙선데이》 112호, 2009년 5월 3일, 31쪽.
113. 폴리folly는 '미친 짓, 바보 같은 짓'이라는 뜻을 지니고 있다. 서양 조경의 전통에서는 정원에 세워진 장식적인 구조물을 지칭하며, 건축의 독자적인 가치를 확인하는 작은 파빌리온으로 인식되어 왔다. 기능이 없는 구조물을 애써 지어 어리석다는 뜻보다는 기능이 없는 예술성을 강조한 것이 건축의 폴리다. 우리나라는 서양의 폴리와 유사한 누정樓亭의 문화 양식을 갖고 있다. 누정 역시 정원의 작은 건축물이고 아름다운 풍광을 즐기기 위한 장소를 제공하는 것 말고는 기능이 없다. 하지만 서양의 폴리가 귀족의 폐쇄적인 공간이었다면, 한국의 누정은 커뮤니티의 공간이었다. 제5차 광주폴리 '순환폴리'는 기후 변화를 큰 주제로 두고, 한국 누정의 전통을 이어가는 커뮤니티 공간을 발상하였다. 광주폴리는 2011년부터 2024년까지 광주광역시가 후원하고 광주비엔날레 재단이 주관하여 도시 재생을 목표로 광주 도심에 이런 정자와 같은 구조물을 구현하는 연속 사업이었다. 2025년 현재 광주폴리 사업은 광주디자인진흥원이 주관하고 있다. 〈순환폴리〉에 관해서는 웹사이트(gwangjufolly5.org) 참조.
114. 이 책의 「파편과 체험의 언어 1」, 「파편과 체험의 언어 2」, 「건축에 대한 건축」 참조.
115. 배형민, "사색이 머무는 공간 ⑨도고 교원연수원 게스트하우스", 《중앙선데이》 112호, 2009년 5월 3일, 31쪽.
116. 이 표현은 "문제도 이 땅에 있고, 해답도 이곳에 있다"라고 말한 건축가 정기용의 말에서 영감을 얻은 것이다.

건축 너머 건축 — 전진홍·최윤희와 바래

117. "Ever tried. Ever failed. No matter. Try again. Fail again. Fail better." Samuel Beckett, *Worstward Ho* (New York: Grove Press, 1983), p. 7.
118. 전진홍, 「사물의 관점에서 그리는 새로운 건축적 방식: 바래」, 《공간》 633호, 2020년 8월, 37쪽. 바래에 관련해서는 사무실의 웹사이트(bare.kr) 참조.
119. '페이퍼 아키텍처Paper Architecture'는 종이로 만든 건축을 지칭하기도 하지만 그림으로만 존재할 수 있는 상상의 건축을 주로 뜻한다. 1980년대 당시 소비에트 체제에서 억압받았던 젊은 건축가들이 이 말을 처음 사용했다고 회자되고 있으나, 이런 문화 양식은 서양의 경우 적어도 르네상스로 거슬러 간다. 집을 지어야 진정 건축이라는 이 분야의 오래된 통념 때문에 페이퍼 아키텍처는 부정적인 뉘앙스를 갖기도 한다. 비슷한 의미로 쓰이는 '비저너리 아키텍처Visionary Architecture'는 1960년 뉴욕 현대미술관MoMA 전시의 제목이기도 했다. '실험적 건축Ex-

perimental Architecture'은 일반 명사인데 영국 뉴캐슬대학교 레이첼 암스트롱 교수는 자신의 연구 분야를 지칭하는 데 사용한다.
120. "The best solution to an architectural problem may not necessarily be a building"은 세드릭 프라이스의 유명한 말이지만 정확한 출처를 아직 찾지 못했다. 극 제작을 하는 조앤 리틀우드와 협업하며 1964년에 제안한 'Fun Palace'는 그의 가장 중요한 프로젝트로 평가되고 있으며, 후대에 퐁피두 센터 건축을 발상하는 데 직접적으로 영향을 미쳤다.
121. 전통적인 건축가들도 여러 프로젝트를 관통하는 관점, 주제, 방법론을 견지할 수 있다. 건물의 외피 또는 구조 형식 등 특정한 건축 영역에 창의력을 집중하기도 하며, 낙선된 현상설계안의 디테일이나 요소를 다른 프로젝트에 적용할 수도 있다.
122. 조립식 이동형 음압 병동과 에어빔 파빌리온은 2020년 말에 설치되어 2021년 1월 7일에서 6월 26일까지 운영되었다. KAIST 코로나대응 과학기술뉴딜사업단의 사업으로 산업디자인학과 남택진 교수 연구 팀이 개발한 MCM에 관련해서는 KAIST 팀의 웹사이트(mcm.kaist.ac.kr) 참조. 에어빔 파빌리온이 유일하게 언급되어 있는 것은 홍보 동영상 마지막 크레디트 부분이다.
123. 공기막 구조에 대한 간략한 역사로 다음을 참조. Jung Yun Chi and Ruy Marcelo de Oliveira Pauletti, "An Outline of the Evolution of Pneumatic Structures," paper presented at the II Simposio Latinoamericano de Tensoestructuras, Caracas, 2005. 공기막 구조는 대형 지진이 일어나 무너지더라도 천천히 가볍게 내려앉기 때문에, 지진이 잦은 일본은 도쿄 돔과 같은 대형 공기막 구조를 만든 경험이 많다. 바래처럼 건축과 디자인을 넘나들며 창의적으로 공기막 구조 작업을 하는 해외 사무실로는 인플레이트Inflate와 도시스DOSIS 등을 예로 들 수 있다.
124. 바래와 배형민, 「공기 대화」, 『순환폴리 2: 사람과 장소』, 광주비엔날레 재단, 2024, 148쪽.
125. 바래와 배형민, 「공기 대화」, 『순환폴리 2: 사람과 장소』, 광주비엔날레 재단, 2024, 152쪽.

출처·크레디트

글

서문 — 애정의 비평
새로 쓴 글이다.

초상 — 김수근과 승효상
『감각의 단면: 승효상의 건축』(동녘, 2007) 1장 「초상」을 축약하고 개고하였다.

파편과 체험의 언어 1 — 1980년대 건축 담론
『건축·도시·조경의 지식 지형』(정인하·배형민·조명래·민범식·배정한·조경진 공저, 나무도시, 2011)에 수록한 「파편과 체험의 언어: 1980년대 이후 한국 건축 담론」을 두 개 장으로 나누고 개고하였다.

파편과 체험의 언어 2 — 민현식 콘트라 유걸
『건축·도시·조경의 지식 지형』(정인하·배형민·조명래·민범식·배정한·조경진 공저, 나무도시, 2011)에 수록한 「파편과 체험의 언어: 1980년대 이후 한국 건축 담론」을 두 개 장으로 나누고 개고하였다.

냉철한 애정 — 신경섭
『COSMOS』(도록, 마티, 2018)에 수록한 「냉철한 애정: 신경섭과 분포의 미학」을 개고하였다.

건축에 대한 건축 — 김승회와 경영위치
「건축에 대한 건축」(《공간》 519호, 2011년 2월)과 "사색이 머무는 공간 ③ 이우학교"(《중앙선데이》 100호, 2009년 2월 8일)를 합치고 재집필하였다.

움직이는 미학 — 최욱과 101
「1990년대 이후 건축역사와 건축설계교육의 관계에 대한 연구—김승회와 최욱의 교육배경과 작업을 사례로—」(배형민·우동선·김봉렬·전봉희·이규철 공저, 《건축역사연구》 20권 3호, 2011년)와 "사색이 머무는 공간 ⑪ 경복궁 옆 갤러리 학고재"(《중앙선데이》 116호, 2009년 5월 31일)를 합치고, 추가·확장하여 재집필하였다.

동시대 건축의 즐거움 — 임재용과 OCA
「사람과 기계의 즐거운 분포」(《건축사》 615호, 2020년 6월)와 "사색이 머무는 공간 ⑤ 주유소가 있는 풍경"(《중앙선데이》 104호, 2009년 3월 8일)을 합치고 재집필하였다.

보이지 않는 건축 — 최문규와 가아건축
"사색이 머무는 공간 ① 인사동 쌈지길"(《중앙선데이》 96호, 2009년 1월 11일)을 추가·확장하고 재집필하였다.

건축의 시간 — 조민석과 매스스터디스
『아모레퍼시픽의 건축』(비매품, 아모레퍼시픽, 2018)에 수록한 「제주 오설록과 시간의 건축」과 『매스스터디스 건축하기 전/후(Before/After: Mass Studies Does Architecture)』(도록, 배형민과 안소연 편, 플라토, 2014)를 합치고 재집필하였다.

사유의 경계 — 승효상과 이로재
「감각의 단면, 지식의 경계」(《C3》 436호, 2025년 3월)를 추가·확장하고 개고했다.

세우다, 쌓다, 덧대다 — 이정훈과 조호건축
『빛과 질료의 프롤로그』(설해원·이정훈 공저, 사이트앤페이지, 2022)에 수록한 「세우다, 쌓다, 덧대다: 조호건축의 설해원 방법론」을 개고하였다.

기물의 건축 — 조병수와 BCHO
『BCHO 파트너스: 조병수』(조병수·이지현·홍경진·윤자윤·BCHO 파트너스 공저, 공간서가, 2024)에 수록한 「조병수와 기물의 건축」을 개고하였다.

텍토닉 카르마 — 조남호와 솔토지빈
「텍토닉 카르마」(《공간》 671호, 2023년 10월)와 "사색이 머무는 공간 ⑨ 도고 교원연수원 게스트하우스"(《중앙선데이》 112호, 2009년 5월 3일)를 합치고 추가·확장하여 재집필하였다.

건축 너머 건축 — 전진홍·최윤희와 바래
새로 쓴 글이며, 2026년 출간 예정인 바래의 책에 편집하여 게재될 것이다.

도판

이 책에 실린 도판은 지은이가 사용 허가를 받아 수록했습니다. 출처를 확인하지 못한 일부 도판은 파악하는 대로 허가를 받겠습니다. 자료를 제공해 주신 분들께 진심으로 감사드립니다.

1 말과 얼굴

초상
— 김수근과 승효상
30쪽 David Burnett
31쪽 최한경
32쪽 村井修
33쪽 Philip Christou
42쪽 인디애나폴리스미술관 소장
44쪽(아래) 선문대학교박물관 소장
48쪽 村井修

파편과 체험의 언어 1
— 1980년대 건축 담론
56쪽 村井修
58쪽(위) 신경섭

파편과 체험의 언어 2
— 민현식 콘트라 유걸
70~71쪽 박영채
72~73쪽 윤준환
77쪽(위에서 첫 번째) 민현식
　　(위에서 두 번째) 민현식
　　(위에서 세 번째) 김종오
　　(위에서 네 번째) 민현식

80쪽(위) 배형민
　　(아래) 박영채
86쪽 윤준환
87쪽 박영채

냉철한 애정
— 신경섭
94, 97, 100~101쪽 신경섭
102쪽 오형근
106쪽 신경섭

2 사유와 감각

건축에 대한 건축
— 김승회와 경영위치
116쪽 김재경
119쪽 MIT 박물관 소장
121(위), 122쪽 김재경
124쪽 강일민
128~129쪽 김재경

움직이는 미학
— 최욱과 101
137쪽(아래) 배형민

140쪽 남궁선
143(위), 146~147, 148, 149, 150,
　154~155쪽 김인철

동시대 건축의 즐거움
— 임재용과 OCA
162쪽 김종오
164쪽 남궁선
167쪽(위) 김종오
　(아래) 남궁선
172~173쪽 김용관

보이지 않는 건축
— 최문규와 가아건축
179, 180~181쪽 남궁선
184쪽 김용관
186쪽 가아건축 제공
192쪽 남궁선

건축의 시간
— 조민석과 매스스터디스
197쪽(위) 최영모
　(아래) Vivi Ying Ho and Eric Xu
199쪽 김용관
200쪽 신경섭
203, 204~205쪽 김용관
207쪽(위) 김용관
　(아래) 신경섭
209쪽 김용관
211쪽 국립중앙박물관 소장

사유의 경계
— 승효상과 이로재
218, 220~221, 223, 224쪽 김종오

226(위), 228쪽 김용관
230~231쪽 김종오
234쪽(위) Walter Horn
　(아래) 생갈 수도원 도서관 소장
238쪽(위) limhyungkyu, Wikimedia
　Commons(modified)
　(아래) 김종오

3　텍토닉스

세우다, 쌓다, 덧대다
— 이정훈과 조호건축
248쪽 배형민
252쪽(아래) 김용관
253, 256~257쪽 Efraín Méndez
260쪽 남궁선

기물의 건축
— 조병수와 BCHO
264쪽 한국민속촌 소장
266쪽 김재경
267쪽 Sergio Pirrone
270쪽(왼쪽 위) 김종오
　(오른쪽 위) 김용관
　(왼쪽 아래) BCHO 제공
　(오른쪽 아래) 배형민
272쪽 *Der Stil in den technischen
　und tektonischen Künsten*, Vol. 2
　(2nd ed. 1879)
276쪽 Sergio Pirrone
278~279쪽 Efraín Méndez
281쪽 박정
283쪽 Hwang Wooseop

텍토닉 카르마
— 조남호와 솔토지빈

291쪽 강일민
294, 298~299쪽 윤준환
302, 304, 306쪽 장수인

건축 너머 건축
— 전진홍·최윤희와 바래

312, 313쪽 정효섭(AHINA ARCHIVE)
316, 318쪽 배한솔
322쪽(위) Courtesy of Hyundai Motor Company
　　　(아래) 인천국제공항공사 제공
326~327쪽 이세현
328, 329쪽 정효섭(AHINA ARCHIVE)
332쪽 조준용(CJYART STUDIO)

건축 너머 비평 너머

갈망, 사유 그리고 애정의 비평

배형민 지음

초판 1쇄 2025년 12월 25일

펴낸곳 ── 한밤의빛
펴낸이 ── 김서연
출판 등록 ── 2021년 12월 7일 제2021-000343호
서울시 마포구 월드컵북로 400 5F 출판지식창업보육센터 #17
이메일 ── hanbambitbooks@gmail.com
디자인 ── 동신사
제작 ── 세걸음

© 배형민, 2025

ISBN 979-11-980433-2-0 03600

※ 잘못된 책은 구매하신 곳에서 바꿔드립니다.